"十四五"职业教育国家规划教材

中等职业教育餐饮类专业核心课程教材

教育部·中等职业教育改革创新示范教材

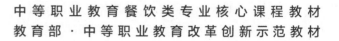

MAKING
CAKE PASTRY
& DESSERT

西式面点制作

（第3版）

主 编 蒋湘林

副主编 程开治 秦辉 陶勇

旅游教育出版社

·北京·

图书在版编目（CIP）数据

西式面点制作 / 蒋湘林主编. -- 3版. -- 北京：
旅游教育出版社，2023.8（2024.1重印）
"十四五"职业教育国家规划教材
ISBN 978-7-5637-4585-2

Ⅰ．①西… Ⅱ．①蒋… Ⅲ．①西点－制作－职业教育
－教材 Ⅳ．①TS213.23

中国国家版本馆CIP数据核字(2023)第135634号

"十四五"职业教育国家规划教材

中等职业教育餐饮类专业核心课程教材

西式面点制作

（第3版）

主编　蒋湘林

副主编　程开治　秦辉　陶勇

策　　划	景晓莉
责任编辑	景晓莉
出版单位	旅游教育出版社
地　　址	北京市朝阳区定福庄南里1号
邮　　编	100024
发行电话	（010）65778403　65728372　65767462（传真）
本社网址	www.tepcb.com
E - mail	tepfx@163.com
排版单位	北京旅教文化传播有限公司
印刷单位	唐山玺诚印务有限公司
经销单位	新华书店
开　　本	787毫米×1092毫米　1/16
印　　张	12.25
字　　数	129 千字
版　　次	2023 年 8 月第 3 版
印　　次	2024 年 1 月第 2 次印刷
定　　价	49.80 元

（图书如有装订差错请与发行部联系）

总码

目 录

第一篇　厨房基础

第二篇　面　包

第三篇　蛋　糕

第四篇 塔与派

第五篇 泡 芙

第六篇 饼 干

第七篇　层　酥

第八篇　布丁、慕斯与果冻

第九篇　西点装饰

书中彩图
在线欣赏

西餐与葡萄
酒的搭配

面包类

编织面包

牛角包

甜甜圈

法棍

蛋糕饼干类

草莓卷蛋糕

盾牌曲奇

泡芙布丁类

酥皮泡芙

焦糖布丁

第3版
出版说明

　　此教材再版之际，正值中国共产党第二十次全国代表大会胜利闭幕之时。

　　为贯彻落实党的二十大精神，按照教育部教材局和职业教育与成人教育司要求，我社在前期根据专家审读意见和各省教材排查问题清单、修改完善教材的基础上，结合教材有关内容，及时全面准确体现党中央的最新要求，进一步修改完善了"十四五"职业教育国家规划参评教材、参加复核的"十三五"职业教育国家规划教材，加快推进党的二十大精神进教材，进课堂，进头脑。

　　首先，落实"立德树人根本任务"进教材。充分发挥教材的思政作用，推进思想政治教育与专业课教材的一体化建设，推动理想信念教育常态化发展，把社会主义核心价值观教育融入教材编写中。具体落实时，或按照中等职业教育旅游类和餐饮类专业不同服务岗位的职责特点、工作内容，在教材中新增"思政教学资源"模块，融入爱国、敬业、诚信、友善等社会主义核心价值观教育，设计了中国服务者宣言；热爱专业，创新奋进；服务业中的劳模；职校生的责任担当；幸福都是奋斗出来的；一起向未来等思政专题。或新增"教学及考核建议""考核标准"，特别增加德育考核指标，把课程思政的功能和作用充分体现在专业课教材的编写中，培养造就大批德才兼备的高素质人才。

其次，落实"制度自信、文化自信"进课堂。充分发挥旅游业服务国家"高水平对外开放"的功能和作用，响应国家从以制造业为主的开放扩展到以服务业为重点的开放政策，将教材的编写与开发重点放在培养面向高水平对外开放的旅游服务人才上，开发了《西餐制作》《西式面点制作》《西餐原料与营养》《热菜制作》《冷菜制作与艺术拼盘》《食品雕刻》《酒水服务》《饭店服务情境英语》《导游讲解》《旅游服务礼貌礼节》《旅游概论》等外向型专业课精品教材；或增设"思政教学资源"学习模块，设计了从中国饭店业的发展历程看中国改革开放的伟大成就、中国传统文化中的匠人精神等思政专题；或精选了与教材主题相关的中国非物质文化遗产、红色旅游文化、革命传统文化、餐饮文化、古诗词、礼仪之邦的待客之道等内容，有机融入中华优秀传统文化、革命传统、民族团结、健康中国及生态文明教育，努力构建中国特色话语体系；或把对传统文化的审美融入菜品制作中，体现了教材的思想性、艺术性和适用性，教育学生自信自强、守正创新。

最后，落实"工匠精神和劳模精神"进头脑。重新梳理了旅游类和餐饮类专业的课程设计思路，将工作岗位要求具备的职业意识、职业道德、职业行为规范、创新精神和实践能力等内容融入从"原料选择"到"加工成型"等岗位工作过程中，再按照"由简单到复杂"的认知规律设计学习情境、组成课程内容，每个学习情境都是一个完整的工作过程。这一过程不仅包括了对学生职业技能的培养，更包含了对学生专业精神、职业精神、工匠精神和劳模精神潜移默化的培养。在部分教材中穿插设计"思政教学资源"学习模块，内容涉及凡事预则立，不预则废；让工匠精神照亮职业生涯；劳模精神、劳动精神、工匠精神的深刻内涵；发扬"三牛"精神；服务也需要创新意识；职校生的管理思维等思政专题，把工匠精神和劳模精神武装进头脑。

前期根据专家审读意见和各省教材排查问题清单，我社组织教材编写人员及相关编辑及时制订修改计划，逐条落实专家意见，对《西式面点制作》教材进行了较大幅度完善。

第一，课程前新增"教学及考核建议"，让学生通过"独立地获取信息""独立地制订计划""独立地实施计划""独立地评价计划"，在动手实践中掌握职业技能和专业知识，构建属于自己的经验和知识体系；通过行动导向教学方法的实施，让学生学会学习、学会工作、学会计划与评估，培养学生的方法能力；通过小组学习的方式，要求学生学会与他人共处、学会做人，在学习过程中培养自己的社会能力。

第二，在每篇篇首新增"考核标准"，特别增加德育考核指标，让学生在掌握专业技能的同时，感知每一道面点背后的专业精神、职业精神、工匠精神和劳模精神，充分发挥课程思政的功能和作用。

第四，根据专家意见，拍摄完成面包类、蛋糕饼干类、泡芙布丁类西式面点的制作视频共8个，对面点制作过程及注意事项进行了细致讲解和示范。下一版将对塔与派、层酥、慕斯与果冻、西点装饰类的制作技法进行拍摄。通过配套教学资源的逐步完善，我们力求为学生提供多层次、全方位的立体学习环境，使学习者的学习不再受空间和时间的限制，从而推进传统教学模式向主动式、协作式、开放式的新型高效教学模式转变。

第五，根据专家意见，本版将由单色印刷改为彩色印刷，以提升读者的阅读体验感。

本教材秉承做学一体能力养成的课改精神，适应项目学习、模块化学习等不同学习要求，注重以真实生产项目、典型工作任务等为载体组织教学单元。

教材以"篇"布局，分为厨房基础，面包，蛋糕，塔与派，泡芙，饼干，层酥，布丁、慕斯与果冻，西点装饰共九篇、26个模块、60个教学点。每道面点按准备原料、技能训练、拓展空间、温馨提示四部分展开写作。准备原料部分，罗列了制作面点的主辅料；技能训练部分，按操作流程进行讲解，分步骤阐述技能操作的先后顺序、标准及要点；拓展空间部分，为满足学生个性化需求准备了小技能或小知识；温馨提示部分，总结了为降低学习成本而建议采用的替换原料及其他注意事项。

本教材既可作为中职院校学生的专业核心课教材，也可作为岗位培训教材。

旅游教育出版社

2023 年 7 月

第2版
出版说明

  《西式面点制作》是在 2008 年首版《西式面点制作教与学》基础上改版而来，自出版以来，连续加印、不断再版。2013 年，《西式面点制作教与学》入选教育部首批中等职业教育改革创新示范教材；2020 年，改版后的《西式面点制作》入选"十三五"职业教育国家规划教材，同年，该教材入选国家新闻出版署"2020 年农家书屋重点出版物"。

  为满足中等职业教育旅游类和餐饮类专业人才的培养需求，贯彻落实《职业教育提质培优行动计划（2020—2023 年）》和《职业院校教材管理办法》精神，我们成立修订工作组，对《西式面点制作》进行了修订。此次修订，主要根据岗位实操需要，选择典型工作任务拍摄了 8 个教学视频，内容涉面包、蛋糕、饼干、泡芙及布丁的制作。通过观看教学视频，能够更直观地把教学重难点讲解到位，提高学生对专业知识的理解能力和动手能力。

  概括起来，第 2 版教材主要按以下要求修订：

  （一）以马克思列宁主义、毛泽东思想、邓小平理论、"三个代表"重要思想、科学发展观、习近平新时代中国特色社会主义思想为指导，有机融入中华优秀传统文化、革命传统、法治意识和国家安全、民族团结及生态文明教育，弘扬劳动光荣、技能宝贵、创造伟大的时代风尚，弘扬精益求精的专业精神、职业精神、工匠精神和劳模精神，努力构建中国特色、融通中外的概念范畴、理论范式和话语体系，防范错误政治观点和思潮的影响，引导学生树立正确的世界观、人生观和价值观，努力成为德智体美劳全面发展的社会主义建设者和接班人。

（二）内容科学先进、针对性强，公共基础课程教材要体现学科特点，突出职业教育特色。专业课程教材要充分反映产业发展最新进展，对接科技发展趋势和市场需求，及时吸收比较成熟的新技术、新工艺、新规范等。

（三）符合技术技能人才成长规律和学生认知特点，对接国际先进职业教育理念，适应人才培养模式创新和优化课程体系的需要，专业课程教材突出理论和实践相统一，强调实践性。适应项目学习、案例学习、模块化学习等不同学习方式要求，注重以真实生产项目、典型工作任务、案例等为载体组织教学单元。

（四）编排科学合理、梯度明晰，图文并茂，生动活泼，形式新颖。名称、名词、术语等符合国家有关技术质量标准和规范。

（五）符合知识产权保护等国家法律、行政法规，不得有民族、地域、性别、职业、年龄歧视等内容，不得有商业广告或变相商业广告。

第2版修订内容对照表

序号	第1版		第2版修订情况		
	页码	内容	页码	内容	修订原因
1	001	前言	001	新增第2版说明	对教材的修订情况、定位、内容简介等进行了说明
2	001	前言	001	改写第1版出版说明、将二维码统一放至全书最后	全书统一格式
3	013	炼奶	013	奶粉	与制作过程统一

序号	第1版		第2版修订情况		
	页码	内容	页码	内容	修订原因
4	021	湿度65度	021	温度65%	勘误
5	022	相对湿度65℃至75℃	022	相对湿度65%～75%	勘误
6	031	常用原料主要有11种	031	常用原料主要有7种	根据制作过程重新选料及配图
7	038	知识要点	038	准备原料	勘误
8	040	湿度控制在75℃	040	湿度控制在75%	勘误
9	047	常用原料主要有8种	047	常用原料主要有7种	根据制作过程重新选料及配图
10	048	制作原料	048	准备原料	全书统一用法
11	050	制作原料	050	准备原料	全书统一用法
12	053	常用原料主要有10种	053	常用原料主要有11种	根据制作过程重新选料及配图
13	060	常用原料主要有15种	060	常用原料主要有14种	根据制作过程重新选料及配图
14	074	常用原料主要有10种	074	常用原料主要有12种	根据制作过程重新选料及配图
15	082	准备原料	082	新增"黄油90克"	根据新增视频相应调整
16	089	常用原料主要有15种	089	常用原料主要有14种	根据制作过程重新选料及配图
17	101	常用原料主要有12种	101	常用原料主要有15种	根据制作过程重新选料及配图
18	115	常用原料主要有11种	115	常用原料主要有12种	根据制作过程重新选料及配图
19	119	准备原料	119	替换所有原料	根据制作过程重新选料

序号	第1版		第2版修订情况		
	页码	内容	页码	内容	修订原因
20	136	常用原料主要有6种	136	常用原料主要有4种	根据制作过程重新选料及配图
21	145	35度斜角	145	35o斜角	勘误
22	148	常用原料主要有6种	148	常用原料主要有7种	根据制作过程重新选料及配图
23	154	常用原料主要有6种	154	常用原料主要有5种	根据制作过程重新选料及配图
24	158	常用原料主要有13种	158	常用原料主要有14种	根据制作过程重新选料及配图
25		后记	163	调整后记	增加再版作者分工
26			165	新增二维码资源介绍及二维码	全套书统一格式
27			166	新增牛角包、编织面包、法棍、甜甜圈的制作，草莓卷蛋糕、盾牌曲奇的制作，以及焦糖布丁、酥皮泡芙的制作微视频资源	突出理论和实践相统一，强调实践性

本教材既可作为中职院校学生的专业核心课教材，也可作为岗位培训教材。

旅游教育出版社

2021 年 11 月

第1版 出版说明

2005 年，全国职教工作会议后，我国职业教育处在了办学模式与教学模式转型的历史时期。规模迅速扩大、办学质量亟待提高成为职业教育教学改革和发展的重要命题。

站在历史起跑线上，我们开展了烹饪专业及餐饮运营服务相关课程的开发研究工作，并先后形成了烹饪专业创新教学书系，以及由中国旅游协会旅游教育分会组织编写的餐饮服务相关课程教材。

上述教材体系问世以来，得到职业教育学院校、烹饪专业院校和社会培训学校的一致好评，连续加印、不断再版。2018 年，经与教材编写组协商，在原有版本基础上，我们对各套教材进行了全面完善和整合。

上述教材体系的建设为中等职业教育旅游类和餐饮类专业核心课程教材的创新整合奠定了坚实的基础，中西餐制作及与之相关的酒水服务、餐饮运营逐步实现了与整个产业链和复合型人才培养模式的紧密对接。整合后的教材将引导读者从服务的角度审视菜品制作，用烹饪基础知识武装餐饮运营及服务人员头脑，并初步建立起菜品制作与餐饮服务、餐饮运营相互补充的知识体系，引导读者用发展的眼光、互联互通的思维看待自己所从事的职业。

首批出版的中等职业教育旅游类和餐饮类专业核心课程教材主要有《热菜制作》《冷菜制作与艺术拼盘》《食品雕刻》《中式面点制作》《西式面点制作》《西餐制作》《西餐烹饪英语》《西餐原料与营养》《酒水服务》共 9 个品种，以后还将陆续开发餐饮业成本控制、餐饮运营等品种。

为便于老师教学和学生学习，本套教材同步开发了数字教学资源。

旅游教育出版社

2019 年 1 月

教学及考核建议

"西式面点制作"是中等职业教育餐饮类专业核心课程,建议授课208学时(含拓展空间部分灵活把握的80课时),教材使用者可根据需要和地方特色增减课时。

教材以学生为中心,以项目为载体,实施"教、学、做"一体化教学模式及考核模式。在教学中教师与学生互动,让学生通过"独立地获取信息""独立地制订计划""独立地实施计划""独立地评价计划",在动手实践中掌握职业技能和专业知识,构建属于自己的经验和知识体系,培养学生的专业技能;通过行动导向教学方法的实施,让学生学会学习、学会工作、学会计划与评估,培养学生的方法能力;通过小组学习的方式,要求学生学会与他人共处、学会做人,在学习过程中培养自己的社会能力。

本课程采用"教、学、做一体"的教学模式,以项目为单位,每学习完一个项目即进行与项目相关的考核。考核方法多元化,小组互测、教师考核等多种方法相结合。考核成绩按大纲要求按比例计入总成绩。其中,学生自评占20%,教师理论考核占30%,教师实操考核占50%。

教学目标

1. 能熟练掌握各类西点的制作流程。

2. 能正确、熟练地使用西点制作设施设备,并能及时妥善保养。

3. 操作时养成良好的成本管理习惯。

4. 养成服务意识与团队合作意识。

5. 学会举一反三,培养创新意识。

德育目标

1.具有良好的职业道德，熟悉行业卫生要求。

2.具有较强的团队协作能力。

3.具有创新制作各类西式面点的拓展能力。

教学方法

1.基于工作岗位，将职业意识和职业道德培养潜移默化地用于教学设计中。

2.集中式"教、学、做"一体的现场教学方法。

3.项目引导、任务驱动教学法。

4.自主探究、合作式学习。

5.实操综合能力测试。

课时安排

1.理论课：20%。

2.实操课：80%。

第一篇

厨房基础

学习导读

本篇学习的是西式面点厨房基础知识，主要讲述了西式面点制作常用设备、工具及相关技能技法和产品加工流程标准。

◀ 考核标准 ▶

项目	标准	分值
德育	具有良好的职业道德，有学习热情	30
	培养安全用电、安全操作的良好习惯	
	熟知食品卫生安全要求	
理论	了解各类西点制作所需的常用设备	20
	掌握西式面点制作基本技能技法	
	熟悉每道面点的加工流程及标准	
技能	熟悉西式面点制作设备的使用方法	50
	掌握各种设施设备的正确操作方法	
	掌握常用工具的使用及清洁保养流程	
	掌握与西式面点制作相关的技能技法和产品加工流程标准	

西餐与葡萄
酒的搭配

模块 1
西式面点必备常识

01
基础 西式面点制作技能技法

在业内，面点制作技术通常被称为制作面点的基本功，它分为和面、揉面、搓条、下剂、制皮、成型等技术环节。

（一）基本技能

1. 和面：是指将粉料、水、鸡蛋、糖或其他辅料掺和调匀成面团的过程，它是面点制作的第一道工序，也是最重要的一道工序。和面的质量将直接影响下一道工序和成品质量。西式面点和面一般分为手工和面与机器和面两种，一般用机器和面，然后将面团分割后进行再加工。和面的水温、机器搅打的速度和时长是关键技术环节。

2. 揉面：就是将和好的面团分割、揉匀，使面团增筋、柔滑的过程。和面的力度是关键技术环节。

3. 搓条：就是将揉好的面团放在平整的案板上，分割成若干小面团，然后搓成粗细均匀的条子。搓条粗细是否均匀是关键技术环节。

4. 下剂，是指将搓好的条子按照制品的规格要求，下成大小一致的剂子。下剂一般分为用手揪剂和用刮板切剂两种。下的剂子大小是否一致是关键技术环节。

3. 制皮，是指用手或借助工具将面剂按扁，制成厚薄、大小、形状不一的坯皮。坯皮的厚薄是否均匀、大小是否一致是关键技术环节。

面点制作技术看似简单，实际上其制作工艺相当严格和复杂，和面的水温、揉面的力度、面团的大小、配料的用量等，都会影响成品的质量。

（二）面点成型技术

面点成型技术，是指根据面点制品的外观要求，运用各种技法将调制好的面团制成多种形状的面点半成品或成品的一项技术。

常见的面点成型技术有包、卷、切、挤、折叠、包裹、滚沾、模具成型等。具体操作时，要视造型需要来选择合适的技能和手法。一件造型别致的产品，往往需要多种技法相互配合才能完成。

1. 包：是指将馅心包入坯皮内，捏制成型的一种方法。一般可分为无缝包法和卷边包法。如制作红豆面包时就需要将红豆馅包入坯皮内，然后包捏成型。

2. 卷：是指将馅心铺在坯皮上，捏紧收口，卷制成型的一种方法。如制作豆沙吐司面包时，就需要将豆沙馅铺在坯皮上卷制成型；制作牛角包时需要将三角形的坯皮卷成牛角形。

3. 切：是借助于工具将制品（半成品或成品）分离成型的一种方法。如将坯皮切成三角形或方形。在制作丹麦包时，就需要先将面团擀开切成正方形。

4. 挤：是指将调制好的面糊装入裱花袋中，挤出各种想要的形状和大小的面点成型方法。如制作曲奇时常常要将面糊直接挤在烤盘上，制作出各种形状的面点。

5. 折叠：是指将坯皮折叠成制品要求的形状的一种成型方法。如给面团开酥时，往往要将面团折叠数次。

6. 包裹：是指将揉好的面团加工成想要的形状，然后包裹成型的一种方法。如制作鸡腿堡时，要先将面团搓成面条，然后缠绕包裹住火腿肠，进行成品定型。

7. 滚沾：是指给生坯表面沾上装饰原料的一种成型方法。如制作全麦面包时要在生坯表面滚沾上杂粮。

8. 模具成型：是指利用各种食品模具，将面点压印制作成型的一种方法。如制作甜甜圈时，可用同心圆的模具印出环形面皮。

面点制作基本功最能体现面点制作人员的技术水平，只有经过不断练习和长期探索，才能练好这些功夫。

02

基础 西式面点制作常用设备

一个好的厨师，能否发挥精湛的手艺，要看有没有好的设备与工具做保障。完备的、先进的设备，是制作西点的重要物质条件之一。

用于制作西点的设备较多，即使是同一类型的设备，其外观、构造、性能、质地等也不尽相同。

制作西点的工具，材质有不锈钢、无味塑胶、枣木、锡、纸等，不论是什么材质，都要求无毒、无异味、耐热、不变形、易清洗。

在使用西点工具和设备前，一定要先了解其性能、工作原理和操作要求，严格按照操作规程使用相关工具和设备。

（1）注意使用前后，应及时清洁器械及用具。

（2）安全用电、节约用电，避免电器受潮，避免用湿手操作电器。

（3）用完不锈钢模子后，应及时清洗并擦干。

（4）用完木制模子后，应及时剔除附着在上面的杂物，然后用热水洗净，吹干水分，最后放入工具柜中妥善保存。

1. 万能蒸烤箱：是生产西式面点及西式菜肴的关键设备之一，也可用于面点成熟。全球专业厨房菜单上 90% 的菜肴都可以使用万能蒸烤箱烹饪，这一设备已经在欧洲流行多年，然而在中国，更多的厨师仍在使用传统的烹饪方式。万能蒸烤箱通过加热方式产生大量热气，经由循环风扇将热量均匀分布到烤箱内。加热过程中可向加热源适当喷水，提高烤箱内部湿度，让食材达到外焦里嫩的口感。它结合了快炒、蒸煮与烤的优势，烹饪时间短、原材料不缩水、多汁，还能增加香气、色泽，香脆外皮，非常适合中餐使用，对于菜品的设计与制作也非常有帮助。

2. 搅拌机：主要用来搅打蛋糕坯料和奶油浆料，通过快速旋转搅打，改变蛋糕坯料或奶油的内部物理性状结构，形成新的性状稳定组织，方便蛋糕成型。大型搅拌机，适用于搅打 10 千克以上的原料，如蛋糕坯料，也可搅打奶油；常用的万能搅拌机，适用于搅打 5 千克以下的原料；小型搅拌机也叫奶油搅拌机，用于搅打鲜牛奶或鸡蛋。

3. 压面机：由机身、马达、传送带、面皮薄厚调节器、传送开关等构成，有立式和平台式两种。立式的用于压制面团，使其平整无多余气体；平台式多用于制作酥皮和丹麦面皮、牛角包等。

4. 发酵柜、烤盘架：发酵柜，是醒发面团的专用器具，有温度和湿度调节器。烤盘架，用来放置烤盘和冷却烤好的制品。

5. 烤炉：又叫烤箱，是生产面包、西点的关键设备之一，为面点成熟工具。烤炉的式样很多，没有统一的规格。按热能来源分，有电烤炉和煤气烤炉；按工作原理分，有对流式和辐射式两种；按构造分，有单层、双层、三层等组合式烤炉，此外还有立体旋转式烤炉、平台链条式烤炉等。现在，西厨房中越来越多地以万能蒸烤箱来生产和制作各类西式面点。

6. 切片机：用于切制面包、吐司，规格多为 24 片制。用切片机切出的面包比用手工切得更均匀、大小更一致。

7. 蛋糕分片器：用于切制蛋糕。其切出的蛋糕比手工切得更均匀、大小更一致。

万能蒸烤箱　　发酵柜　　烤盘架

面包切片机　　蛋糕分片器

03

基础 西式面点制作常用工具

1. 秤：是测定物体重量的器具。在西点制作中，要求原材料称量精确，刻度越精细越好。平常选用 1 千克称重的秤即可，常见的有弹簧秤和电子秤两种。

2. 量杯、量勺：量杯，是量液体体积的器具，形状像杯，口比底大，多用玻璃或不锈钢制成，杯上有刻度，通常有多种规格可供选择。制作西点时，量杯主要用来称量水、油等液体的体积。量勺，用来量体积极小的液体，分为 1 汤勺、1 茶勺、0.5 茶勺和 0.25 茶勺四种型号。

3. 温度计：是测量温度的仪器，在西点制作中，多用于测量发酵面团、巧克力溶液和一些液体的温度，以利于正确掌握制品的最佳操作时间。

4. 筛网：是用竹篾、铁丝等编成的有许多小孔的器具，可以把较细碎的原料漏下去，较粗的、成块的原料留在上头。在面点制作中，常把筛子叫筛网、粉筛，多用于筛制粉状类原料和糊状食品。

5. 蛋抽：也叫打蛋刷，是用不锈钢丝卷成环状固定在柄上的一种搅打工具。用来搅打鸡蛋、奶油或者比较稀且分量不多的液体。

6. 多面刨：多面刨有四个操作面，可以将食品原材料加工成不同规格的丝、条、片和屑末。在西式面点制作中主要用来加工柳丁、柠檬。

7. 擀面棍：是擀面用的棍儿，通过用棍棒来回碾，使面团延展变平、变薄或变得细碎，有擀面杖、通心槌等不同种类，材质最好为不锈钢或木质，要求结实耐用、表面光滑，可依据制品原料用量选择不同尺寸。在制作西点时，擀面棍常用于擀制酥皮类制品、派塔类制品、丹麦松饼面团及其他小产品。

8. 刮板：也叫刮刀，有硬刮、软刮、齿刮之分，多用来整形和切割面团，也可以将案台上或和面盆内黏附的面团刮除。硬刮，多用于在案台上切割面团、调制馅心；软刮，用于刮净盆内的面糊或馅心；齿刮，用于刮奶油和巧克力，可利用齿的不同形状和不同密度刮出不同的纹路。

9. 切铲用具：制作西点的切铲用具，有西点刀、锯齿刀、抹刀和推铲。

刀，是切、削、割、砍用的工具，一般用钢铁制成；铲，是撮取或清除东西的用具，带把儿，多为铁制。西点刀，切蛋糕用；锯齿刀，切面包用；抹刀，用于涂抹鲜奶油和果酱、果膏等；推铲，用于巧克力成型或撮取各种薄脆小饼。

10. 拉网刀、滚轮刀：用来分切面皮或让西点成型的工具，可以将西点拉出渔网状派皮，或是用于切割比萨、派等。也有专门用于切割烤熟的比萨或整形面团的单轮滚刀，可切出直边或波浪花边。

11. 滚轮压点器：西点成型工具，用于在派皮、比萨、饼干等西点上压出小孔。

12. 水果分切和成型工具：用于将各种水果分切或挖制成各种形状，再装饰于制品上。

13. 裱花工具：是给原始蛋糕坯裱花、装饰的用具。常用的裱花工具有转盘、裱花袋、裱花嘴等。转盘，用来放置西点原始坯，转动自如，方便裱花；裱花嘴，是裱制各种花卉，挤各种图案、花纹和填馅，以及制作奶油蛋糕不可缺少的工具；裱花袋，主要用来盛装奶油，结合裱花嘴，通过人的握力，让奶油从裱花嘴中挤出，也可用来盛装面糊、果膏等原材料，起到给蛋糕等西点装饰造型的作用。

14. 西点模具：是西点成型工具，主要用于各种西式面包、蛋糕、慕斯、布丁、果冻、（核桃）塔、（苹果）派、蛋塔、小饼、塔皮、巧克力等西点的成型。有铝合金、锡纸、硅胶等各种材质，形状和造型也是各式各样，有脱底的，也有密封的，盘口径大小有多种规格。

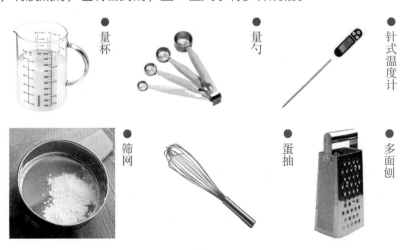

量杯　量勺　针式温度计

筛网　蛋抽　多面刨

● 刮板—切割面团

● 刮板—西点整形

● 刮板—刮蛋糕纹路

● 推铲

● 推铲

● 抹刀

● 抹刀

● 滚轮比萨切刀

● 拉网刀、滚轮刀

● 牛角包面皮滚切刀

● 滚轮压点器

● 黄油切刀

● 馅心食材切碎刀

● 一体式蛋糕切刀

● 花样果蔬按压成型器

● 挖球勺、水果雕刀

蛋糕裱花转盘

裱花嘴

裱花袋

西点模具

派盘

饼干模具

巧克力硅胶模具

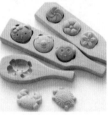
糕点模具

蛋糕模具

蛋塔锡纸托

布丁果冻模具

第二篇

面包

面包是由面粉、酵母、水与盐四种基本原料经过搅拌、发酵、分割、滚圆、松弛、造型、最后醒发、烘烤、冷却等一系列工序，包装而成的膨松食品。

制作面包的主要原料是面粉。面粉内除了含蛋白质外，还含有70%以上的淀粉，这些淀粉充塞在面筋网络组织中，面团经酵母发酵而产生二氧化碳、酒精及其他有机酸，被包围在面筋网络内，水分受热后产生水蒸气形成蒸汽压，而将面团逐渐膨大，直至面团中的蛋白质凝固后不再膨大，烤熟，出炉后即成松软如海绵状的制品，称之为面包。

面包一般作为早餐、下午茶点心和中晚餐的配餐及主食，食用时多配以黄油、浓汤。

本篇学习的是软面包、吐司、千层面包、全麦面包、面包圈及硬质面包的制作技术。

面包制作看起来很简单，实际上其制作工艺相当严格和复杂，和面的水温、面团大小、面团擀制程度、配料用量、发酵程度、炉温、烘焙时长、空气湿度与温度、炉温等都会成为制约成品质量的因素。

面包制作流程：根据品种要求准备原材料→调制面团→面团静置→分割面团→滚圆面团→第一次发酵→排气→包馅→成型→第二次发酵→烤炉预热→表面装饰→烘烤→成品。

◀ 考核标准 ▶

项目	标准	分值
德育	能够将工匠精神、创新精神融入面点制作中 节约用料，能养成良好的成本管理习惯 熟知食品卫生安全要求	30
理论	能合理选用面包制作原材料 掌握面包发酵的基本原理 掌握面包成品的标准	20
技能	熟悉面包制作工艺流程 掌握面团搅拌投料顺序，学会判断面团搅拌程度 掌握面包成型方法及馅料、装饰料的制作方法 掌握面包发酵程度的判断方法 掌握面包成熟烘焙技术	50

分项考核标准	
软面包	
吐司	选料精良、营养均衡；面团光滑、软硬适度；成品酥松软香；160分钟内完
全麦面包	
千层面包	形态一致、层次清晰；火候适当、色泽一致；120分钟内完成
面包圈	形态一致、厚薄均匀；外酥内松、不吸油；100分钟内完成
硬质面包	用料精准、皮脆质软；表皮有裂纹，表面有光泽；120分钟内完成

模块 2

软面包

知识要点

1.软面包：指含油脂、糖分较高的面包。通常在和面时加入鸡蛋，在表皮或面包中有馅料。成品味道香、质地软。

2.和面时所需水温的计算公式

和面时所需水温＝面团温度 ×3 —（室温＋面粉温度＋和面机器所产生的摩擦温度）

3.常用工具：制作软面包的常用工具有电冰箱、粉筛、搅拌机、秤、片刀等。

4.常用原料：主要有 8 种。

白砂糖　　食盐　　高筋面粉

奶粉　　鸡蛋　　黄油

酵母　　豆沙馅

5. 和面过程：主要有 12 道工序。

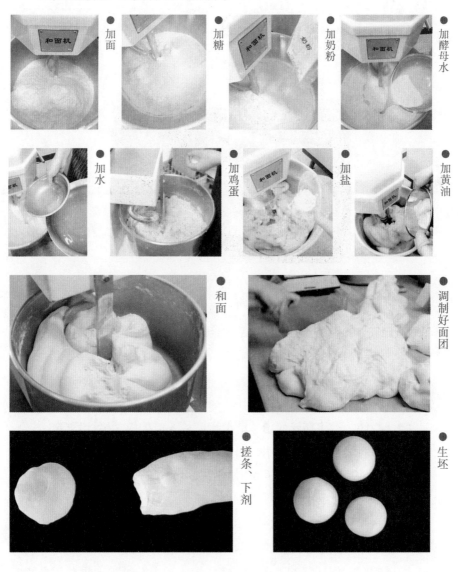

● 加面　● 加糖　● 加奶粉　● 加酵母水

● 加水　● 加鸡蛋　● 加盐　● 加黄油

● 和面　● 调制好面团

● 搓条、下剂　● 生坯

04

西点 圆面包

◀ 准备原料 ▶

高筋面粉 500 克、奶粉 25 克、鸡蛋 50 克、酵母 5~10 克、盐 5 克、糖 100 克、黄油 50 克、清水 250 克

◀ 技能训练 ▶

1. 搅拌原料①：将高筋面粉、酵母和糖放入搅拌机中搅拌均匀。

2. 搅拌原料②：分次加入水、奶粉、鸡蛋，搅拌至面筋初步扩展。

3. 搅拌原料③：加入盐、黄油，快速搅拌至面筋完全扩展、均匀成团，面团温度为 26~28℃。

4. 分割成型：将发酵后的面团取出，分割，重量为 50 克 1 个，置于案台上松弛 5 分钟，整形揉圆。

5. 面团醒发：将揉好的面团排入烤盘内，放入发酵箱内醒发，温度控制在 27~30℃，相对湿度控制在 65%~75%，发酵时间约 1 小时。

6. 加以修饰：取出发酵好的生坯，在表面刷上蛋黄液。

7. 烘焙成熟：入炉烘焙，烤炉温度控制在 200℃，烘烤时间约 20 分钟。

拓展空间

制作雪山皮

用同样的方法可制作很多面包，只是在烘烤前无须剪划切口，而是直接在面包表面挤上一层装饰皮即可变化出不同样子的面包，如制作雪山皮。

配料：奶油 85 克、细砂糖 90 克、鸡蛋液 85 克、面粉 100 克、泡打粉 0.5 克、香草粉 0.2 克、罐装淡奶 5 克。

制作步骤：将奶油与糖打发至蓬松。分三次加入鸡蛋液，每次加入时一定要搅拌均匀。给面粉、泡打粉和香草粉过筛，慢速加入，混合均匀。最后加入淡奶，混合均匀时马上停机。

温馨提示

1. 高油脂面团刚和好时会比较稀软，一般需要放置 5~10 分钟后再进行分割。揉圆后，放入发酵箱中进行第一次发酵。发酵后不宜马上制作，需放至面团表面稍微收干水分后再制作成型。

2. 由于面包制作过程较复杂，许多因素都会导致制作失误。常见的失误及其成因有：

第一，颜色太深：糖或牛奶过多，发酵不足（生面团），烘焙时炉内蒸汽不足，炉温过高，烘焙时间太长。

第二，颜色过浅：糖或牛奶太少，发酵过度（老面团），烘焙时炉内蒸汽太大，炉温过低，烘焙时间太短。

第三，皮太厚：糖或油脂不足，烘焙时炉内蒸汽不足，炉温偏低，烘焙时间太长。

第四，出现气泡：液体过多，发酵时湿度偏高，整制成型时面团内夹有过多空气或干粉。

3. 学会多制作几种馅心，就会多制作几种不同品种的面包。

4. 学会从面粉的色泽、面筋的强度、发酵的耐力、吸水量、品质的均一性等指标，来判断面粉质量的优与劣。

看视频
做西点

05
西点 编织面包

◀ **准备原料** ▶

高筋面粉 500 克、奶粉或炼奶 25 克、鸡蛋 50 克、酵母 10 克、盐 5 克、糖 100 克、黄油 50 克、清水 250 克

◀ **技能训练** ▶

1. 搅拌原料①：将高筋面粉、酵母和糖放入搅拌机中搅拌均匀。

2. 搅拌原料②：分次加入水、炼奶、鸡蛋，搅拌至面筋初步扩展。

3. 搅拌原料③：加入盐、黄油，快速搅拌至面筋完全扩展、均匀成团，面团温度为 26~28℃。

4. 分割成型：将发酵后的面团取出，分割，重量为 50 克 1 个，置于案台上松弛 5 分钟，整形揉圆，然后搓成长 30 厘米的条，打结成 8 字形。

5. 面团醒发：将面包生坯排列在烤盘内，放入发酵箱中醒发，使面团膨胀到原来的 2 倍。

6. 烘焙成熟：入炉前，在面包上刷一层蛋黄液。烤炉预热至面火 200℃、底火 180℃，烘烤 20 分钟。

● 面包编织示意图

● 二次醒发、刷蛋液

● 成型、醒发

◀ 拓展空间 ▶

可用不同的编织手法做出不同花样的面包，例如辫子包。

◀ 温馨提示 ▶

1. 搅拌面团时，一定要测试面的起筋程度。可取小团面，用双手能撑成透明薄膜状即可。

2. 一定要在面团起筋后再加入黄油，过早加入会抑制面筋生成。

3. 反复练习用双手揉搓面团，以达到熟练程度。

4. 根据天气的干燥和湿润程度以及气温高低，来适时调节和面的水量与水温。

06

西点 红豆面包

准备原料

高筋面粉 500 克、奶粉或炼奶 25 克、鸡蛋 50 克、酵母 5~10 克、盐 5 克、糖 100 克、黄油 50 克、清水 250 克、红豆馅 100 克

技能训练

1. 搅拌原料①：将高筋面粉、酵母和糖放入搅拌机中搅拌均匀。

2. 搅拌原料②：分次加入水、炼奶、鸡蛋，搅拌至面筋初步扩展。

3. 搅拌原料③：加入盐、黄油，快速搅拌至面筋完全扩展、均匀成团，面团温度为 26~28℃。

4. 分割下剂：将发酵后的面团取出，分割，下剂，每个剂重 30 克，馅心 10 克。

5. 包制成型：包入馅心，用无缝包法包成圆形。

6. 面团醒发：将面包生坯排列在烤盘内，放入发酵箱中再次醒发，使面团膨胀到原来的 2 倍。

7. 烘焙成熟：入炉前，在面包上刷一层蛋黄液。烤炉预热至面火 200℃、底火 180℃，烘烤 20 分钟，至表面金黄、完全熟透即可。

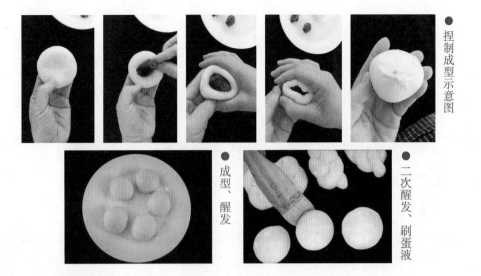

● 捏制成型示意图

● 成型、醒发

● 二次醒发、刷蛋液

◆ 拓展空间 ▶

制作多样小餐包

用同样的面团，选用不同的馅心或表皮，可做出不同花样的餐包来。

1. 练习制作吉士忌廉馅

第一步，将鲜奶 120 克、糖 45 克、盐 2 克搅拌均匀，用中火煮至 90℃左右；

第二步，将鸡蛋液 15 克、粟粉 6 克、面粉 6 克搅拌均匀，加到煮热的鲜奶液中，用蛋抽快速搅拌均匀，然后放在小火上继续边搅边煮至凝固状；

第三步，加入奶油 5 克搅匀，煮至沸腾，离火冷却即可。

2. 练习制作港式菠萝皮

第一步，将 50 克黄油与 88 克蔗糖搅拌至糖七成溶化；

第二步，将 10 克鸡蛋液、5 克奶粉、色素和 0.4 克溴粉拌匀；

第三步，加入面粉和奶粉，慢速搅拌均匀，不能起筋。

◆ 温馨提示 ▶

1. 面团发酵时，可用笔记录下发酵的时间、温度和面团重量，以便掌握不同面团的发酵要求。

2. 一定要在面团起筋后加入盐，这样更能增强和稳定面筋。

模块 3
吐司

1. 吐司：吐司，是英文 toast 的音译，它是用长方形带盖或不带盖的模具烤制出来的体积较大的面包。有咸、甜之分和有馅、无馅之分。多切片，配以各种黄油、奶酪或果酱食用。

2. 常用工具：制作吐司面包时，常用到温度计、粉筛、搅拌机、秤、片刀、发酵箱、烤炉、吐司模等工具。

3. 常用原料：主要有 9 种。

● 白砂糖　　● 食盐　　● 高筋面粉

● 奶粉　　● 鸡蛋　　● 黄油

● 酵母　　● 豆沙馅　　● 面包改良剂

07
西点 原味吐司

◀ 准备原料 ▶

高筋面粉 500 克、水 250 克、酵母 10 克、糖 50 克、奶粉 10 克、盐 5
克、鸡蛋 1 个、面包改良剂 5 克、黄油 30 克

◀ 技能训练 ▶

1. 搅拌原料：把高筋面粉、糖、奶粉、酵母和面包改良剂放入搅拌机
中，用中速搅拌均匀，分次加入水、鸡蛋，搅拌至面筋初步扩展；再加入
盐、黄油，快速搅拌至面筋完全扩展均匀即可。

2. 面团发酵：将调制好的面团放入案台上醒发 10 分钟，分割成 1000
克 1 个的面团，揉圆，置于烤盘中，放入发酵箱中进行发酵。温度控制在
25℃，湿度控制在 70%，时间 1 小时。

3. 修整成型：取出发酵后的面团，置于案台上，风干 3 分钟，进行分
割，每个重 200 克。用掌根压平面团，然后用擀面棍将面团擀长并将空气
压出，从上向下卷起，成圆柱形，捏紧收口。依次做完 5 个，并排放入吐
司模中。

4. 二次醒发：把成型的面包生坯放在烤盘内，给模子盖上盖子，但不
能盖严，应留一条 5~8 厘米的缝隙。放入发酵箱中再次醒发，温度 27℃、

湿度 65%、时间 1 小时。

5.烘焙成熟：给烤箱预热，将面火控制在 190℃，底火控制在 160℃。取出发酵好的面包，放入烤箱烘烤 50 分钟即可。

揉圆面团 ● 　装入模具 ● 　发酵 ●

二次发酵 ● 　成熟 ● 　出品 ●

◆ 拓展空间 ▶

制作提子吐司

用制作吐司的面团可制作提子吐司，具体方法如下：

第一步，先将发酵好的 600 克面团用擀面棍擀成长方形，铺上 100 克糖渍提子，从上向下卷起，成圆形，捏紧收口；

第二步，再用刀将面团切成三股，将三股面并排放好，像辫麻花辫儿一样从面股中段开始，将左边的那股面交错跨过中间一股，再将右边一股交错跨过中间股，反复先左后右至末端。将面股翻过来，编结另一段，将辫好的面从两头向中间折进去，压在下面放进模子中发酵 1 小时；

第三步，最后在表面刷上一层蛋液，再挤上 20 克沙拉酱，入炉烘烤，时间 40 分钟。

◆ 温馨提示 ▶

1.一定要将面团搅打至光滑后再加入黄油，黄油一拌匀就可停机。

2.应均匀分割面团，不然，成品出来会有大有小，不均匀。

3.对吐司进行第二次发酵时，只要发到模子的七八成满即可，发得太过，面包会太空，口感不好。

08

西点 豆沙吐司

◆ 准备原料 ▶

高筋面粉 500 克、水 250 克、酵母 10 克、糖 100 克、奶粉 30 克、盐 5 克、鸡蛋 1 个、改良剂 5 克、黄油 50 克、清水 250 克、豆沙馅 100 克

◆ 技能训练 ▶

1. 搅拌原料：把面粉、奶粉、酵母、白糖放入搅拌机中搅拌均匀，加入鸡蛋与水，搅拌至面筋初步扩展；加入盐、黄油，快速搅拌至面筋完全扩展均匀即可。

2. 分割成型：取出面团，置于案台上，分割，下剂，每个重 150 克。搓圆剂子，用掌根压平，然后用擀面棍将面剂擀长并将空气压出。在面剂上铺上豆沙，从上向下卷起，成圆柱形，捏紧收口。依次做完 5 个初坯，并排放入吐司模具中。

3. 生坯醒发：把成型的面包生坯放在烤盘内，模具盖上盖子，但须留一条 5~8 厘米的缝隙，放入发酵箱中再次醒发，温度 27℃、相对湿度 65%~75%、时间 1 小时。

4. 烘焙成熟：烤箱预热，面火控制在 190℃，底火控制在 160℃。取出发酵好的面包，放入烤箱烘烤。

各类面包的和面过程大同小异，从擀皮放馅起，豆沙吐司面包的制作过程开始有所不同。下面仅给出不同之处的制作过程图。

 擀皮

抹豆沙

 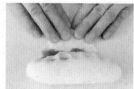  卷成型

 装入模具

 发酵

 二次发酵

 成熟

 出品

◀ 拓展空间 ▶

制作黑芝麻吐司

用制作吐司的面团可制作黑芝麻吐司。

用料：高筋面粉 500 克、白糖 100 克、黄油 50、酵母 7.5 克、奶粉 30 克、食盐 5 克、鸡蛋 50 克、清水 250 克、炒香黑芝麻 100 克

◀ 温馨提示 ▶

1. 可用标准重量制作，练习时可适当减少重量，既节约成本又不浪费课时。

2. 应根据天气冷暖适当调节酵母用量和发酵时间。

3. 可从模具盖子所留缝隙中观察面包的发酵程度，以防面包发酵过头。

模块 4
千层面包

◆ **知识要点** ◆

1. 千层面包：是将油脂包进发酵面团中，经过擀制、折叠、发酵而成的多层膨松制品。

2. 千层面包的种类：

（1）丹麦包：类似于起酥点心，是一种含鸡蛋、油脂稍高，带甜味的擀制而成的面包。

（2）牛角包：其外形像牛角，多为带咸味的、擀制而成的面包。卷入的黄油使面包呈现薄层结构。

3. 常用设备及工具：有电冰箱、粉筛、搅拌机、秤、片刀等。

4. 常用原料：主要有 9 种。

● 白砂糖　● 食盐　● 高筋面粉

● 奶粉　● 鸡蛋　● 黄油

● 酵母　● 片状起酥油　● 吉士酱

09

西点 丹麦包

◀ 准备原料 ▶

高筋面粉 400 克、低筋面粉 100 克、奶粉 20 克、酵母 10 克、糖 150 克、鸡蛋液 50 克、盐 5 克、黄油 40 克、片状起酥油 250 克、吉士酱 200 克

◀ 技能训练 ▶

1. 搅拌原料：将面粉、奶粉、酵母、白糖放入搅拌机中搅拌均匀，分次加入鸡蛋液、水，搅拌至面筋初步扩展；加入盐、黄油，快速搅拌至面筋完全扩展均匀即可。

2. 面团发酵：将和好的面团用保鲜膜包好，放入冰箱中冷藏松弛，时间约 30 分钟。

3. 面团开酥：将经松弛冷藏后的面团擀开，包入起酥油。先将面团擀成长方形，然后将长边对折成均匀的三等份，再擀开成长方形。然后将长边对折成均匀的四等份，再次擀成长方形。将长边对折成均匀的三等份，共折叠三次。每擀折一次，应根据起酥油的软硬程度放入冰箱中冷冻 10~20 分钟。

4. 修整成型、醒发：先将丹麦面团擀开至 0.5 厘米厚，分割成 8 厘米 ×

8 厘米的正方形。取两角对折，分别在两边切一刀，对叠穿过，成菱形。放入烤盘，入发酵箱中醒发，温度控制在 27~30℃，湿度在 70%~75%，发酵时间约 1 小时。

5. 烘焙成熟：在醒好的生坯表面刷上蛋黄液，中间挤吉士酱入炉烘焙。炉温控制在上火 200℃、下火 170℃，烘烤时间为 20 分钟。

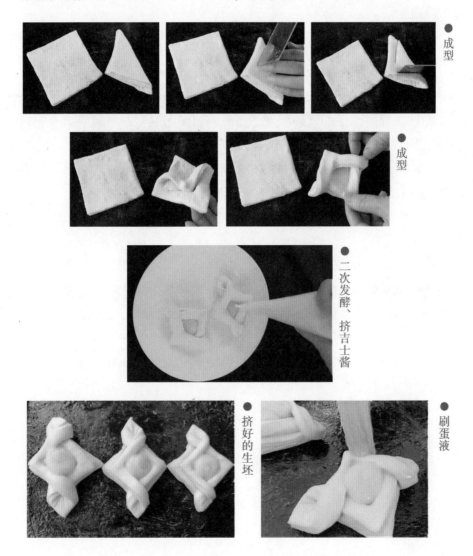

成型

成型

二次发酵、挤吉士酱

挤好的生坯

刷蛋液

制作透明糖衣

将水 250 克、糖 250 克、玉米糖浆 500 克搅拌均匀，用中火煮至 90℃，确保糖完全溶化，制成透明糖衣。趁热使用，或者使用前重新加热。

◀ 温馨提示 ▶

1. 冷藏面团时，应将面团擀成长方形再放入电冰箱。同样，应将起酥油切成长方形，才利于擀制成型。

2. 反复练习擀制包上起酥油后的面团，达到熟练程度。

3. 注意观察面团的软硬程度，适时调节面团温度，掌握面团的冷冻时间。

4. 许多甜面包产品，包括大多数丹麦面包产品，都是在烘烤后趁热刷上透明糖衣的。冷却后的丹麦面包产品可以用普通糖霜做糖衣。

5. 擀制酥皮时，要避免将包在面团中的起酥油擀出来，或擀制时起酥油分布不匀。

6. 在夏天，擀制丹麦面团时，每擀制一次，必须将面团放入电冰箱中冷藏 10~15 分钟，然后再开始下一次擀制，这样可以避免起酥油因天气原因或擀制时的摩擦力等因素而使油脂熔化进而影响成品质量。

7. 擀制时，一定要掌握好擀制的力度，确保起酥油分布均匀。

10

西点 **牛角包**

看视频
做西点

▶ 准备原料 ◀

高筋面粉 400 克、低筋面粉 100 克、奶粉 20 克、酵母 10 克、糖 80 克、鸡蛋液 50 克、盐 5 克、黄油 30 克、片状起酥油 250 克

▶ 技能训练 ◀

1. 搅拌原料：将面粉、奶粉、酵母、白糖放入搅拌机中搅拌均匀，分次加入鸡蛋液、水，搅拌至面筋初步扩展；加入盐、黄油，快速搅拌至面筋完全扩展均匀即可。

2. 面团发酵：将和好的面团用保鲜膜包好，放入冰箱中冷藏松弛，时间约 30 分钟。

3. 面团开酥：将经松弛冷藏后的面团擀开，包入起酥油。先将面团擀成长方形，然后将长边对折成均匀的三等份，再擀开成长方形。然后将长边对折成均匀的四等份，再次擀成长方形。将长边对折成均匀的三等份，共折叠三次。每擀折一次，应根据起酥油的软硬程度放入冰箱中冷冻 10~20 分钟。

4. 修整成型、醒发：先将面团擀开至 1 厘米厚的薄片，切成等腰三角形，从底边向上卷起成牛角形。

5. 面团醒发：面团成型后放入发酵箱中醒发，温度控制在 27℃，湿度控制在 75%，发酵时间为 40 分钟。

6.烘焙成熟：取出发酵好的面包生坯，在常温下风干表面水分。刷上一层蛋黄液，入炉烘烤。炉温控制在上火 200℃、下火 180℃，时间 20~30 分钟。

手工开酥

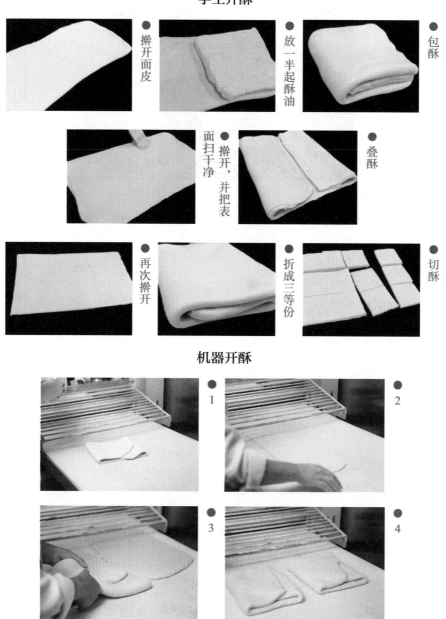

擀开面皮

放一半起酥油

包酥

擀开，并把表面扫干净

叠酥

再次擀开

折成三等份

切酥

机器开酥

制作酥皮面包

可用牛角面皮配合低脂面包面皮制作酥皮面包。

制作方法同小餐包的制作方法。无须包馅，做成光头形后，在上面盖一层牛角面皮，再放入发酵箱中发酵。温度控制方法同牛角包的制作方法。发酵后，在牛角面皮上刷一层蛋黄液，入炉烘烤。炉温控制方法同牛角包的制作方法。烤成金黄色即可。

◆ 温馨提示 ▶

1. 擀制酥皮时，可根据案台大小及工具要求来合理分割面团。

2. 每次擀制后，应根据面团的厚薄来确定冷藏时间的长短。注意不能冷藏得太硬，否则，擀制时起酥油会裂开，从而影响起层质量。

3. 面包制作过程较复杂，许多因素都会导致制作失误，应反复实践、观察、琢磨，掌握常见问题的处理方法。

4. 切三角形时，一定要切成等腰三角形。教师可给学生规定三角形的大小或尺寸，保证成品大小均匀，牛角两边对称。

◆ 思政教学资源 ▶

—— 从中国饭店业的发展历程看改革开放的伟大成就 ——

习近平总书记指出："改革开放铸就的伟大改革开放精神，极大丰富了民族精神内涵，成为当代中国人民最鲜明的精神标识。"

饭店业是中国改革开放的先行者。自改革开放以来，中国饭店业由弱变强，经历了翻天覆地的变化。据统计，改革开放初期，全国涉外饭店仅有200多家，经过40多年的发展，中国饭店业已经成为一个具有相当规模的产业。在市场经济的作用下，我国饭店业由原本政府主导、以接待为主的旅馆业逐渐向以市场为主导的兼具星级饭店、经济型饭店及非标住宿业的综合型业态转变，这种转变也从侧面反映了改革开放以来我国饭店业蓬勃发展、进步的轨迹。可以说，40多年中国饭店业的发展历程就是一部改革开放取得伟大成就的缩影史。

模块 5
全麦面包

◆ 知识要点 ◆

1. 谷物面包：指面包中油脂含量偏少，在面团内经常添加高蛋白、高纤维或富含营养素等天然材料的面包。

2. 常用工具：制作全麦面包的常用工具是温度计、粉筛、搅拌机、秤、片刀、发酵箱等。

3. 常用原料：主要有 7 种。

● 高筋面粉　　● 燕麦粉　　● 大麦粉

● 荞麦粉　　● 酵母

● 食盐　　● 燕麦片

11

西点 全麦面包

◆ 准备原料 ▶

高筋面粉 600 克、水 770 克、酵母 15 克、大麦粉 85 克、荞麦粉 400 克、燕麦粉 125 克、盐 15 克、燕麦片 100 克

◆ 技能训练 ▶

1. 搅拌原料：把高筋面粉、大麦粉、荞麦粉与燕麦粉过筛。将水与酵母投入搅拌机中，加入粉料用中速搅拌 8 分钟，最后加盐，中速搅拌 4 分钟至光滑均匀即可。

2. 面团发酵：将调制好的面团放入发酵箱中发酵，温度控制在 25℃，湿度控制在 70%，时间约 1 小时。

3. 修整成型：取出发酵后的面团，置于案台上展开，松弛 15 分钟后分割下剂，每剂重约 75 克。用掌根压平面团，然后将四周向中心折叠，最后揉成没有缝隙的圆球。

4. 最后醒发：给面包生坯表面洒水，裹上杂粮或切割出十字花纹。把成型的面包生坯排列在撒有面粉的烤盘内，放入发酵箱中再次醒发。温度控制在 27℃、湿度 65%，时间 40 分钟。

5. 烘焙成熟：预热烤箱，放入面包生坯，面火 210℃、底火 230℃，烘烤40分钟。前10分钟，通蒸汽烘焙；面包烤熟后，熄火，10分钟后出炉。

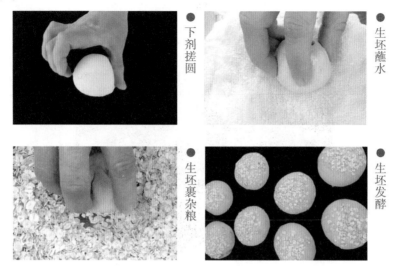

● 下剂搓圆
● 生坯蘸水
● 生坯裹杂粮
● 生坯发酵

◀ 拓展空间 ▶

制作全麦料理包

用全麦面包的面团可制作全麦料理包。

在面包成型时，包入馅料如花生、提子、肉松等，包成圆形，蘸一层水再滚粘上小黄米，稍稍压扁，在上面加一烤盘再进行发酵及烘烤即可。注意，在包入不同的馅料后，除小黄米外，还可在表面滚粘上麦片、芝麻、全麦粉、花生等。

全麦面包制作常见问题及解决办法

由于面包制作过程较复杂，许多因素都会导致制作失误。从外形看，常见的问题及解决办法有：

1. 体积过小：面粉筋性低，应提高面粉的筋度。盐太多，应减少用盐量。此外，也会因酵母太少、液体太少、发酵不足或过度、烘焙温度过高等，使成品体积过小。

2. 体积过大：盐过少，应加大用盐量；酵母过多，应减少酵母用量；醒发过度，应减少醒发时间；面剂过重，应改用小个儿的面剂。

3. 形状不佳：面粉筋性低，应改用筋性高的面粉；发酵或醒发不足或过度，应调整发酵或醒发时间；液体过多，应减少用水量；装模或整制成型不正确，应调整模子；烘焙时炉内蒸汽太大，应调小蒸汽量。

4.外表裂缝或破孔：面团搅拌过度，应减少搅拌时间；发酵或醒发不足，应增加发酵或醒发时间；装模或整制成型不正确，应调整模子；烘焙时炉内蒸汽不足，应调大蒸汽量；炉温过高或不均匀，应调整炉温。

◀ 温馨提示 ▶

1.从发酵箱中取出面包生坯后，应在常温下放 5~10 分钟，待面包表面稍干后再行烘烤，这样处理过的面包烤好后表面光滑平整。

2.注意调节发酵箱温度，天气热时可不开发酵箱；面团偏软时，应降低湿度或不开湿度调节器。

◀ 思政教学资源 ▶

— 劳模精神、劳动精神、工匠精神的深刻内涵 —

2020 年 11 月 24 日，在全国劳动模范和先进工作者表彰大会上，习近平总书记精辟概括了劳模精神、劳动精神、工匠精神的深刻内涵："在长期实践中，我们培育形成了爱岗敬业、争创一流、艰苦奋斗、勇于创新、淡泊名利、甘于奉献的劳模精神，崇尚劳动、热爱劳动、辛勤劳动、诚实劳动的劳动精神，执着专注、精益求精、一丝不苟、追求卓越的工匠精神。劳模精神、劳动精神、工匠精神是以爱国主义为核心的民族精神和以改革创新为核心的时代精神的生动体现，是鼓舞全党全国各族人民风雨无阻、勇敢前进的强大精神动力。"(《人民日报》2020 年 11 月 27 日 01 版）

在中国传统文化语境中，工匠是对所有手工艺（技艺）人，如木匠、铁匠、铜匠等的称呼。进入现代工业社会，工匠指现代工业领域和服务领域里的新型工匠和智能技术工匠。我国要成为世界制造和服务强国，面临着从制造大国向智造大国的升级转换，技能水平直接影响着工业水准、制造水准和服务水平的提升，需要我们将中国传统文化中所蕴含的工匠文化精神在新时代条件下发扬光大。

模块 6
面包圈

1. 面包圈：指将发酵后的面团经成型、油炸/烤制而成的膨松制品，多为圈状物。

2. 面包圈的种类：

（1）发酵型面包圈：这类面包圈通常使用甜面包面团，其油脂、糖和鸡蛋含量较少，代表品种是环形面包圈。

（2）蛋糕型面包圈：此类面包圈含糖量较多，面团较硬，多为手工擀制或印压而成。有的制品也添加化学膨松剂。代表品种为多味面包圈。

3. 常用设备工具：制作油炸面包圈时，常用到电冰箱、烤炉、粉筛、搅拌机、秤、裱花袋、油纸、油锅等设备和工具。

4 常用原料：主要有 11 种。

● 白砂糖　　● 食盐　　● 高筋面粉／面包粉

● 炼乳　　● 黄油　　● 奶粉

酵母　香葱　椰丝

香肠　鸡蛋

12
西点 **香葱圈**

◀ 准备原料 ▶

高筋面粉500克、水250克、酵母10克、糖50克、盐5克、鸡蛋1个、黄油30克、葱花30克

◀ 技能训练 ▶

1. 搅拌原料：把面粉、酵母和糖投入搅拌机中用慢速搅拌；然后加入清水、鸡蛋，用中速搅拌；再加入盐、黄油搅拌至面筋完全扩展；最后加入香葱，搅拌均匀即可。

2. 面团发酵：将面团放入发酵箱中发酵，控制温度为 25℃，时间 1小时。

3. 修整成型：将面团取出，松弛 5 分钟，擀成 12 毫米厚的面皮；用直径分别为 9 厘米和 3 厘米的圆吸印出环形面皮，或用面包圈切割器切割成环形。

4. 再次醒发：将生坯排列在撒有面粉的烤盘内，放入发酵箱中醒发。温度控制在 27~30℃，湿度控制在 75% 左右，时间 60 分钟。

5. 油炸成熟：预热油温 180℃，放入生坯，炸制成熟，时间 8 分钟左右。或是将面糊装入裱花袋中挤成环形，再进行油炸或入烤炉烤制。

和面　　擀制面皮　　压模　　成型　　油炸

◀ 拓展空间 ▶

制作面包圈糖衣

将明胶 5 克、水 200 克用中火煮至化开。再加入玉米糖浆 5 克、细砂糖 100 克搅拌均匀，煮沸，离火冷却即可。也有许多甜面包产品，在制品成熟后趁热刷上一层糖衣，或撒上一层细砂糖。

◀ 温馨提示 ▶

1. 擀制面皮时应注意厚薄均匀，且不要粘到案台上。

2. 面团中的油脂含量越高，油炸的温度就要越低，以免成品色泽过深。

3. 在炸制面包圈时，面包正面应向下，炸至膨胀定型上色后再翻面。

4. 油炸时应使用醇正、无味的油；油温应适宜；一次不可放入过多生坯；要保持油的清洁及新鲜度。

5.沥油时，先将多余的油滴尽，再将面包圈放在吸油纸上吸干表面油脂，再进行装饰。

13
西点 **甜甜圈**

看视频
做西点

◀ **准备原料** ▶

清水 410 克、酵母 35 克、糖 100 克、盐 10 克、鸡蛋液 100 克、黄油 75 克、炼乳 40 克、面包粉 750 克、椰丝 10 克

◀ **技能训练** ▶

1.搅拌原料：将清水、炼乳、鸡蛋液、酵母和糖投入搅拌机中搅拌均匀，加入面包粉以中速搅拌 7 分钟，最后加入盐、黄油搅拌 4 分钟至均匀。

2.面团发酵：将调制好的面团放入发酵箱中发酵，温度控制在 25℃，时间 1 小时。

3.修整成型：取出经发酵的面团，松弛 5 分钟，擀成 12 毫米厚，用直径分别为 9 厘米和 3 厘米的圆吸印出环形面皮，或用面包圈切割器切割成环形。

4.再次醒发：将生坯排列在撒有面粉的烤盘内，放入发酵箱中醒发，温度控制在 27~30℃，湿度控制在 50%~55%，时间 35 分钟。

5. 烘焙成熟：预热油温 180℃，放入生坯，炸制成熟，时间 10 分钟。

6. 最后装饰：炸好的成品可用糖衣、巧克力、细砂糖、椰丝等装饰表面。此处用的是椰丝。

◀ 拓展空间 ▶

制作法式面包圈

法式面包圈属于蛋糕型面包圈，它是将面糊装入挤花袋中挤成环形，再进行油炸或入烤炉烤制。

首先，将水 250 克、黄油 100 克、糖 5 克、盐 5 克放入锅中煮沸；其次，立即加入面粉 150 克，快速搅拌均匀，边搅边加热，至面糊不粘锅且形成一个密实的面团，离火冷却到 50℃时，逐次加入鸡蛋液 150 克，直至鸡蛋液被完全吸收即可；最后，将面糊装入挤花袋中挤在油纸或羊皮纸上呈环形，再进行油炸。油炸方法同多味面包圈。

◀ 温馨提示 ▶

1. 制作面包圈时，搅拌面团到光滑柔软即可，不要搅拌过度，否则会导致面包圈又干又硬；但是，搅拌不充分，又会使面包圈外表粗糙，吸油过多。

2. 擀制面团时，应注意面皮厚薄均匀，且不要粘到案台上。

3. 沥油时，先将多余的油滴尽，再将面包圈放在吸油纸上吸干表面油脂，再进行装饰。

4. 一定要精确称量用料，即使是很小的误差，也会影响面包圈的质地与外形。

14
西点 油炸鸡腿堡

◀ 准备原料 ▶

高筋面粉 500 克、水 250 克、酵母 10 克、糖 50 克、奶粉 10 克、盐 5 克、鸡蛋 1 个、黄油 30 克、火腿肠 6 根

◀ 技能训练 ▶

1. 搅拌原料：把面粉、酵母、奶粉和糖投入搅拌机中用慢速搅拌，加入清水、鸡蛋用中速搅拌，再加入盐、黄油搅拌至均匀，面筋完全扩展均匀。

2. 面团发酵：将面团放入发酵箱中发酵，控制温度为 25℃，时间 30 分钟。

3. 搓条成型：面团下剂每个 50 克，搓圆待用，火腿肠去皮每根分成 2 份，用竹扦插进火腿肠中间，将面团搓成一头大一头小的面条，将大的一头从上往下缠绕包裹住火腿肠，尾部一定要粘紧实。

4. 再次醒发：成型后置于撒有面粉的烤盘内，放入发酵箱中醒发，温度控制在 27~30℃，湿度控制在 75% 左右，时间 60 分钟。

5. 烘焙成熟：油温 180℃，放入生坯，待表面定型后，翻面再炸至金黄色熟透即可出锅。

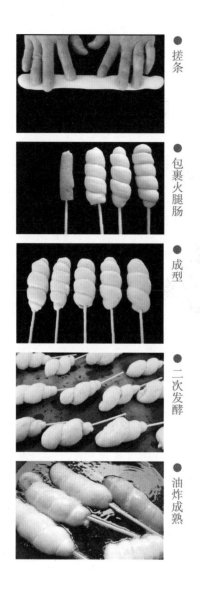

● 搓条

● 包裹火腿肠

● 成型

● 二次发酵

● 油炸成熟

◀拓展空间▶

用同样的面团，改变馅心，改变造型，可制作芝麻红豆炸包。

◀温馨提示▶

1. 面包圈发酵到七八成时，应从发酵箱中取出，在常温下静置 10 分钟，以使面筋松弛。没有松弛好的面团会使面包圈发硬，膨胀不起来。

2. 用搓条包火腿肠时，要卷紧实。

模块 7
硬质面包

◀ 知识要点 ▶

1. 硬质面包：主要以欧式面包为主，表皮硬脆，有裂纹，热量低；瓤心较松软。用料简单，主要有面粉、食盐、酵母、水；在烘烤过程中，需要向烤箱中喷蒸汽，使烤箱中保持一点儿湿度，有利于面包体积膨胀爆裂和表面呈现光泽，以达到皮脆质软的效果。

2. 常用工具：红外线烤箱、烤盘、多功能搅拌机、粉筛、量杯、刮刀、擀面棍、裱花袋。

3. 常用原料：主要有 3 种。

● 酵母　　● 食盐　　● 高筋面粉／面包粉

15
西点 法棍

看视频
做西点

高筋面粉 400 克、低筋面粉 100 克、酵母 10 克、盐 5 克、水 270 克

◀ 技能训练 ▶

1. 搅拌原料：把面粉、酵母投入搅拌机中，慢速搅拌混合；加入盐，再加入水，慢速搅拌 2 分钟；改快速搅拌至面团达到要求，即面筋完全扩展。

2. 面团发酵：将面团取出，用保鲜膜包好，放入发酵箱中发酵。温度控制在 27℃，时间 30 分钟左右。

3. 修整成型：将面团取出，分成 150 克 1 个的剂子，搓圆，松弛 5 分钟，擀成长方形，由外向里卷成两头稍细、中间略粗的长条形。

4. 二次醒发：将生坯排列在已刷油的烤盘内，放入发酵箱中醒发，温度控制在 27~30℃，湿度为 75% 左右，时间 60 分钟。

5. 表面装饰：取出发酵至七八成的生坯，在表面用薄刀片斜切 3 刀，深度大约为面团直径的 1/2。

6. 烘焙成熟：烤箱预热，上火 230℃、下火 200℃，放入生坯，烤制成熟，时间约 25 分钟。

● 称剂　● 搓圆　● 擀制　● 成型一　● 成型二　● 划线条

◀ 拓展空间 ▶

面包制作常见问题及解决办法

由于面包制作过程较复杂，许多因素都会导致制作失误。常见问题及

解决办法如下：

1.质地过细，气孔紧密：盐太多，应减少食盐量；酵母太少，应加大酵母用量；水分太少，应多加水；发酵或醒发不足，应增加发酵或醒发时间。

2.质地过粗，气孔太大：酵母太多，应减少酵母用量；水分太多，应减少用水量；搅拌时间不够，应增加搅拌时间；发酵过度，应减少发酵时间；醒发过度，应减少醒发时间；烤盘或模子太大，应改换合适的烤盘或模子。

3.条形状裂纹：搅拌不均匀，应增加搅拌时间；装模或成型过程不熟练，应强化训练；撒粉过多，应减少撒粉量。

4.质地松散、易碎：面粉筋性低，应改用筋性高的面粉；盐过少，应加大用盐量；发酵时间太长或太短，应调整发酵时间；醒发过度，应减少醒发时间；烘焙温度太低，应提高炉温。

5.面包屑发灰：发酵时间太长或温度太高，应减少发酵时间或调低炉温。

◆ 温馨提示 ▶

1.中间醒发的时间一定要足，面团如果松弛度不够，会影响后面的造型和醒发。

2.在最后醒发过程中醒发箱的湿度不能太大，否则，在给面团表面划刀时容易粘刀。

3.在刚开始烘烤的20分钟内，不能随意打开烤箱，否则，烤箱中的蒸汽散失，会影响面包表面的脆裂程度。

4.用料一定要精确称量，即使是很小的误差也会影响面包的质地与外形。

第二篇

蛋糕

蛋糕是用鸡蛋、糖、面粉混合调制而成的类似海绵状且口感细腻、松软的一种膨松食品。

鸡蛋的起发能力决定了蛋糕的品质，它直接影响蛋糕起发。其膨松原理是将蛋液经过机械或人工的力量进行高速搅拌，使蛋白质发生局部凝结，在气囊四周形成薄膜，将空气包裹起来，随着继续搅打蛋液，外界空气继续混入并被层层包裹使蛋液不断膨胀扩大，变得浓稠和硬化。后经过烘烤，由于蛋白质的泡沫内的气体受热，蛋白质膨胀，遇热变性凝固，从而增大蛋糕的体积，使其变成疏松多孔、柔软可口并富有弹性的制品。

蛋糕是西点中最常见的品种之一，既可作为早、中、晚餐点心，又可作为各种酒会、宴会、派对、庆典及下午茶的点心。

本篇学习的是海绵蛋糕、戚风蛋糕、重油蛋糕和主题蛋糕的制作技艺，涉及原料准备、面糊调制、成型、熟制、装饰等操作流程，具体操作时要做到选料精良、用料准确、营养均衡，调制的面糊要光滑细腻、浓稠适度，成品要表面光整、色泽均匀，口感要绵软甜香、无异味。

蛋糕制作流程：根据品种要求准备原材料→烤炉预热→鸡蛋处理→搅拌面糊→打发蛋清→调制蛋糊→装入模具→表面装饰→烘烤→成品。

◆ 考核标准 ◆

项目	标准	分值
德育	培养尊师重教的良好习惯，学会交流沟通	30
	节约用料，能养成良好的成本管理习惯	
	能够将工匠精神、创新精神融入面点制作中	
理论	能合理选用蛋糕制作原材料	20
	掌握蛋糕起发的基本原理	
	掌握蛋糕的成品标准	
技能	熟悉蛋糕制作工艺流程	50
	掌握面糊搅拌投料顺序，能判断搅拌程度	
	掌握蛋糕成型方法及馅料、装饰料的制作方法	
	掌握蛋白打发程度的判断方法	
	掌握蛋糕成熟烘焙技术	

分项考核标准	
海绵蛋糕	选料精良、营养均衡；质地松软、富有弹性；绵软甜香、无异味；切口平整、厚薄一致；100分钟内完成
戚风蛋糕	面糊光滑、浓稠适度；口感滋润、细腻光滑；绵软甜香、无异味；切口平整、造型美观；100分钟内完成
重油蛋糕	软硬适度、光滑无颗粒；形态均匀、造型美观；色泽一致、酥香松软；点缀适当、整体效果好；120分钟内完成
主题蛋糕	主题鲜明、层次分明；平整光洁、线条清晰流畅；造型美观、形态均匀；装饰恰当、不超5种颜色；符合食品卫生法，食用色素用量达标；100分钟内完成

模块 8
海绵蛋糕

◀ 知识要点 ▶

1. 海绵蛋糕：海绵蛋糕是用全蛋液与面粉、糖直接混合搅打而成。其结构类似于多孔海绵，具有致密的气泡结构，质地松软而富有弹性。

2. 蛋糕成熟方法鉴别：用手轻拍蛋糕表面感觉像按海绵一样，所拍部位会立即回弹，仔细听，有"嘭嘭"的声音；也可将一个细长的竹扦插进蛋糕内，抽出，看有无面糊粘在竹扦上，有则不熟，无则熟透。

3. 工具要求：制作蛋糕时，应保证搅拌机具清洁、无水、无油、无碱、无杂质，否则会影响制作效果。

4. 常用的工具及设备：有粉筛、搅拌机、秤、量杯、蛋抽、蛋糕模等。

5. 常用原料：主要有 7 种。

白砂糖　草莓／草莓酱　低筋面粉／蛋糕粉

鸡蛋　色拉油

牛奶　蛋糕油

6. 原料搅拌：主要有 6 道工序。

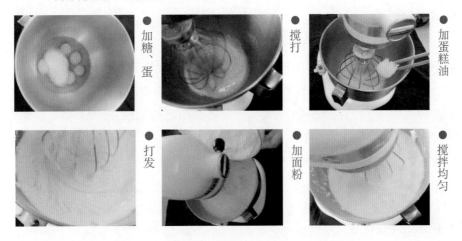

加糖、蛋　搅打　加蛋糕油
打发　加面粉　搅拌均匀

16

西点 海绵蛋糕

◀ **准备原料** ▶

鸡蛋 8 个、糖 200 克、蛋糕油 25 克、色拉油 30 克、蛋糕粉或低筋面粉 200 克、清水 50 克。

◀ **技能训练** ▶

1. 原料准备：逐一称好原料，面粉过筛，备用。

2. 原料搅拌：将鸡蛋打入洁净的搅拌机中，加入糖，用中速搅打 5 分钟至糖溶化。

3. 面糊起泡：在过筛的面粉中加入蛋糕油，快速搅打 10~15 分钟至浓稠松软状。慢慢加入清水，用慢速搅拌均匀后，再加入色拉油搅拌至均匀。最后分 3~4 次加入蛋糕粉，搅拌 2 分钟至均匀即制成面糊。

4. 入模成型：给模子刷油或垫一层高温布，将面糊立即装入模子中，抹平。

5. 烘焙成熟：给烤炉预热，面火控制在 190℃，底火控制在 170℃，烘烤时间约 25 分钟。烘焙生坯至熟透，蛋糕表面为金黄色。

◖ 拓展空间 ◗

制作夹心蛋糕

夹心蛋糕是以海绵蛋糕为糕坯，在海绵蛋糕下层涂抹上一层奶油，均匀摆放水果。大块水果须切片。在水果上面再抹上一层奶油。将上层蛋糕重叠在上面，稍稍压紧，使其平整，经过装饰后，按等分线切块，可由切面看到内部夹心。

◖ 温馨提示 ◗

1. 加入糖搅拌时，一定要将糖搅拌至溶化后再改成快速搅打。

2. 加入水和色拉油时，一定要先加水，搅匀后才可再加入油。

3. 在搅打蛋糊前需给烤箱预热，并根据所烤蛋糕的性质来调节烘焙温度和时间。

4. 搅拌原料时的最佳温度为 22℃左右。天热时，可将鸡蛋放在电冰箱内。

5. 搅打好蛋糊后应马上入模。蛋糊入模约装七分满即可烘焙。任何迟延都将导致蛋糕成品体积缩小。

17
西点 草莓卷蛋糕

看视频
做西点

◀ 准备原料 ▶

鸡蛋 500 克、低筋面粉 250 克、糖 200 克、牛奶 80 克、色拉油 70 克、蛋糕油 20 克、草莓果酱。

◀ 技能训练 ▶

1. 准备原料：逐一称好原料，面粉过筛。

2. 搅拌原料：将鸡蛋打入洁净的搅拌机中，加入糖，用中速搅打 2 分钟至糖溶化。

3. 面糊起泡：加入蛋糕油，快速搅打 10 分钟左右至浓稠松软状。慢慢加入清水，用慢速搅拌均匀后，再加入色拉油搅拌至均匀。最后分 3~4 次加入蛋糕粉，搅拌至均匀即可。

4. 入模成型：给烤盘刷油或垫一层高温布，将面糊立即装入烤盘中，抹平。

5. 烘焙成熟：将烤炉预热，面火控制在 200℃，底火控制在 180℃，烘烤时间约 25 分钟，至熟透，表面金黄。

6. 冷却切件：拿出烤熟的蛋糕，反扣在凉网上，待蛋糕稍冷却，均匀分成二等份。抹上草莓果酱，卷起，根据规格切件即可。

制作水果卷蛋糕

以海绵蛋糕为糕坯，涂抹上奶油，卷起，然后在卷筒上均匀抹上奶油，再摆放些水果，稍稍压紧，使其平整，经过装饰后按等份切块。

◀ 温馨提示 ▶

1. 加糖搅拌时，一定要将糖搅拌至溶化后才能改用快速搅打。

2. 加入水和色拉油时，一定要先加水，搅匀后才可再加入色拉油。

3. 在搅打蛋糊前需把烤箱预热，并根据所烤蛋糕的性质来调节烘焙温度和时间。

4. 果酱不能抹太多，卷时两手用力要均匀，一定要卷紧、卷实。

◀ 思政教学资源 ▶

—— 服务业中的劳模 ——

张秉贵，男，汉族，1918年12月出生，中共党员，北京人，北京市百货大楼售货员（已故）。他是20世纪50年代至80年代我国商业系统最著名的全国劳动模范，刻苦练就售货"一抓准"和算账"一口清"的绝活，发明"接一问二联系三"的工作方法，始终坚持"一团火"的服务精神，没怠慢过任何一位客人，被亲切誉为"燕京第九景"。党和国家多次授予张秉贵崇高的荣誉称号，先后被评为北京市劳动模范、全国群英会代表、特级售货员、全国劳动模范、北京市优秀共产党员等。1988年，北京市百货大楼在大门广场处为其竖立半身铜像，陈云同志亲笔为其题词："一团火"精神光耀神州。2009年，其光荣入选"100位新中国成立以来感动中国人物"。来北京旅游的小伙伴们，凡是到了王府井，就能看到张秉贵的铜像。

模块 9
戚风蛋糕

◀ 知识要点 ▶

1. 戚风蛋糕：制作这类蛋糕时，一般采用分蛋法，将蛋黄与蛋清分开调制，这样可使油脂增多。其质地非常松软，柔韧性好，水分含量高，口感滋润嫩爽。

2. 戚风蛋糕和天使蛋糕的异同：戚风蛋糕和天使蛋糕都是用蛋白泡沫制成的，但是，它们的搅拌方法的最后步骤不同。制作天使蛋糕时，将面粉、糖的混合物搅入蛋白里；制作戚风蛋糕时，则将面粉、糖、蛋黄、水和油调制成面糊再搅入蛋白中。

3. 如何鉴别蛋泡起发程度：

（1）用手蘸起蛋泡糊，向上一抽，会出现鸡尾状抽条；用嘴轻吹，会呈现一环环的水波状。

（2）取一小团蛋泡糊放在装满水的碗里，它会浮在水面，且不散开。

（3）把一根筷子插入蛋泡糊中，受四周蛋泡的压力，筷子会直立不倒。

4. 常用工具：制作戚风蛋糕的常用工具是转盘、搅拌机、秤、片刀、裱花嘴、裱花袋、铲刀、剪刀、花托、干净的抹布等。

5. 常用原料：主要有 11 种。

蛋糕油　　　　　椰丝　　　　　白砂糖

低筋面粉／蛋糕粉　　蛋清　　食盐

色拉油　　牛奶　　塔塔粉

鸡蛋　　糖粉

18
西点 戚风蛋糕

◀ 准备原料 ▶

　　鸡蛋 10 个（分离成蛋黄和蛋清）

　　蛋黄搅拌原料：低筋面粉 200 克、白砂糖 70 克、牛奶 120 克、色拉

油 80 克、盐 2 克

蛋白搅拌原料：糖粉 80 克、塔塔粉 5 克

◀ 技能训练 ▶

1. 准备原料：逐一称好原料。选用新鲜的鸡蛋。分离蛋清、蛋黄时一定要分干净。将蛋糕粉过筛，备用。

2. 搅拌蛋黄：将白砂糖、牛奶、色拉油、盐放在一个大盆中，搅拌均匀，加入面粉拌至均匀，最后加入蛋黄搅拌至均匀无颗粒。

3. 搅拌蛋白：将蛋清放入打蛋桶中，用中速打 8~10 分钟左右至湿性发泡。加入塔塔粉继续搅打 5~7 分钟至软性发泡时，分 3 次加入糖粉，至干性起发，时间约 5 分钟，用手蘸起面糊向上能挑成弯曲鸡尾状即可。

4. 搅拌面糊：取 1/3 打发蛋白，同面糊混合均匀，再倒入余下 2/3 的打发蛋白，拌匀。

5. 入模成型：给模子刷油或垫一层高温布，将面糊立即装入模子，抹平。

6. 烘焙成熟：给烤炉预热，将面火控制在 180℃，底火控制在 150℃，烘烤时间约 30 分钟。

◀ 拓展空间 ▶

制作黑樱桃蛋糕

先把一个直径为 12 厘米的蛋糕坯横向分切成均匀的三片，用糖浆和樱桃酒刷湿。将打发的鲜奶油以樱桃酒调味。取一片蛋糕坯涂抹一层打发鲜奶油，放上一层沥干水的黑樱桃，铺平，再抹上一层鲜奶油。盖上第二层蛋糕。涂抹一层打发鲜奶油，放上一层沥干水的黑樱桃，再抹上一层鲜奶油。盖上第三层蛋糕。将蛋糕顶部和侧面全部覆盖上打发鲜奶油，再用巧克力刨片覆盖蛋糕侧面及空白处，用打发鲜奶油调上些巧克力挤上一些玫瑰花，再放上些带枝的黑樱桃即可。

◀ 温馨提示 ▶

1. 调蛋黄面糊时，应最后加入蛋黄液，搅拌速度要快，避免面糊起筋。

2. 控制好蛋糊的搅打程度。湿性发泡时方可加入糖粉、盐、塔塔粉，继续搅打至干性起发即可。

3. 蛋糊搅打好后应马上入模，在模子侧面不要涂抹油脂。

4. 分离蛋白、蛋黄时，一定要分干净。可用分蛋器来分。

5. 练习的重点是分离鸡蛋和搅打蛋黄面糊。

19

西点 天使蛋糕

◀ 准备原料 ▶

蛋白 500 克、盐 3 克、糖粉 250 克、塔塔粉 5 克、蛋糕油 20 克、牛奶 70 克、色拉油 70 克、低筋面粉 200 克、椰丝 5 克

◀ 技能训练 ▶

1. 准备原料：逐一称好原料。选用新鲜的鸡蛋。分离蛋白、蛋黄时一定要分干净。将低筋面粉过筛，备用。

2. 搅拌原料：先将蛋白、盐、糖粉、塔塔粉放入干净的搅拌机内慢速搅拌 3 分钟，加入低筋粉后，用中速搅拌 7 分钟。

3. 面糊起泡：再加入蛋糕油，快速搅打 7 分钟至 80% 起发时，加入牛奶，用中速搅拌 2 分钟后改用慢速搅拌 3 分钟，最后加入色拉油，慢速搅均匀即可。

4. 入模成型：给模子刷油或垫一层高温布，将面糊立即装入模子，抹平，表面均匀地撒一层椰丝。

5. 烘焙成熟：给烤炉预热，将面火控制在 180℃，底火控制在 160℃，烘烤时间约 25 分钟，至生坯表面金黄即可。

◄ 拓展空间 ►

制作蛋黄蛋糕

制作天使蛋糕后，可用余下的蛋黄制作蛋黄蛋糕、虎皮蛋糕等。

蛋黄蛋糕的制作方法与海绵蛋糕的制作方法相同。原料及用量分别是：蛋黄液 500 克、细砂糖 150 克、低筋粉 150 克、奶香粉 5 克、液态酥油 50 克。

蛋糕制作常见问题及解决办法

在制作蛋糕时，搅拌和称量原料、烘焙和冷却制品时，常会遇见下列问题：

1. 密实厚重：膨胀剂太少，可加大膨胀剂量；糖太多，应减少用糖量；液体太多，应减少水分；起酥油太多，应减少用油量；烤箱温度不够，应调高炉温。

2. 粗糙或不规则：膨胀剂太多，应减少膨胀剂量；鸡蛋太少，应加大鸡蛋用量；搅拌方法不正确，应按要求搅拌。

3. 质地硬实：面粉蛋白质过多，应选用蛋白质含量较少的面粉；面粉用量大，应减少面粉量；糖或起酥油太少，应加大投放量；搅拌过度膨胀，应减少搅拌时间。

4. 体积过大：面粉太少，应加大面粉量；膨胀剂太多，应减少膨胀剂用量；烤箱太热，应降低炉温。

5. 形状不均匀：搅拌方法不正确，应按要求搅拌；蛋糊没倒匀，应将蛋糊均匀倒入模子内；烤箱热度不均匀，应调控好炉温；烤架不平，应调平烤架；烤盘或模子凹凸不平，应将烤盘、模子整理清洗干净。

◄ 温馨提示 ►

1. 应按比例要求投放原料，否则会影响成品质量。

2. 使用的蛋白里不能有一点蛋黄，否则会影响蛋白的起发。

3. 给蛋糕表面撒椰丝时，一定要撒放均匀。也可用芝麻、肉松、花生碎等代替椰丝。

4. 练习的重点是分离蛋白及搅打蛋白。

模块 10
重油蛋糕

1. 重油蛋糕：凡是用油脂做主料常辅以各种果料制作的蛋糕，就是重油蛋糕。

2. 重油蛋糕的分类：依据配方油脂比例不同，分为轻油脂蛋糕和重油脂蛋糕两种。

（1）轻油脂蛋糕油脂用量占 30%~60%，内部组织松软、较粗糙。

（2）重油脂蛋糕油脂用量占 40%~100%，内部组织紧密、口感细腻。

3. 常用工具：制作重油蛋糕的常用工具有搅拌机、粉筛、蛋糕模具、秤、量杯、刀具等。

4. 常用原料：主要有 4 种。

白砂糖

低筋面粉

鸡蛋

黄油

20

西点 重油蛋糕

◀ 准备原料 ▶

鸡蛋 500 克、黄油 500 克、糖 500 克、低筋面粉 500 克

◀ 技能训练 ▶

1. 准备原料：逐一称好原料，将低筋面粉过筛，备用。

2. 搅拌原料：将黄油、糖放入打蛋机中用中速搅打 10~15 分钟至油料部分发泡乳化，松软呈绒毛状，再分次加入原料搅拌 4 分钟至均匀光滑。

3. 面糊起泡：分次加入鸡蛋，用中速搅打 3 分钟后加入低筋面粉，搅打 3 分钟至均匀。

4. 入模成型：将面糊立即装入耐高温纸杯中，装八成满即可。

5. 烘焙成熟：预热炉温，面火 200℃、底火 180℃，烘烤约 30 分钟。

◀ 拓展空间 ▶

杂果蛋糕

在油脂蛋糕中添加 25%~75% 的水果或果料，即可做出果料蛋糕。

原料具体为：黄油 500 克，糖 500 克，香草精 10 克，鸡蛋液 500 克，中筋粉 500 克，葡萄干、枣、糖胶樱桃、柠檬皮丝、核桃仁、杏仁合计

500 克，白兰地 20 克，糖胶少许。

先洗净水果和坚果，将蜜饯沥干糖渍，枣切块，葡萄干用白兰地酒浸泡。将黄油与糖、香草精放入打蛋桶内，用中速搅打 8 分钟至发泡松软呈绒毛状。分次加入鸡蛋液，搅拌 3 分钟至均匀。加入 400 克面粉搅打至均匀，余下 100 克面粉与果料混合均匀后拌入面糊中。在铺有油纸的模子中倒入原料，刮平，在表面撒上杏仁。入炉烘焙，炉温控制在面火 180℃、底火 170℃，烘烤 40 分钟。成品冷却后，用透明糖胶涂抹在蛋糕表面。

◀ 温馨提示 ▶

1. 要选用可塑性、融合性好，熔点较高的油脂，一般多用黄油。

2. 制作时，应做到严格控制原料投放时间、搅拌时间、烘焙时间，以保证成品品质。

3. 打好蛋糊后应马上入模。蛋糊入模约装 7 分满即可烘焙。任何迟延都将导致蛋糕成品体积缩小。

4. 搅拌时，一定要将油脂乳化到松软呈绒毛状后才可分次打入鸡蛋。

◀ 思政教学资源 ▶

— 凡事预则立，不预则废 —

"凡事预则立，不预则废。"凡事都要有计划，要做好充分的准备。很多西方古典管理学、现代管理学包含的人际关系学管理理论的思想内涵其实早在中国古代管理思想中都有过经典论述。同学们要想在服务业扎下根，需要更深入地了解中国历史和古代哲人的管理智慧，树立文化自信。

比如在做学习计划、班级管理工作计划时，要注意以国家或地方重大计划作为案例，结合"两个一百年""一带一路""十四五"等各类国家规划、经济计划、旅游业发展规划等，在了解国情、省情的基础上不断提高自己的社会责任感。同时，结合习近平总书记在北京大学师生座谈会上的讲话精神，有目的地通过计划来指导自己的学习和生活。

模块 11
主题蛋糕

1. 主题蛋糕：也叫艺术装饰蛋糕，它以烘托节日气氛、表现节日内容为主，有一定主题，形式多样，以平面或立体形式表现，有单层或多层表现手法。

2. 主题蛋糕的种类：

（1）节日蛋糕：以烘托节日气氛、表现节日内容为主的有一定主题的喜庆蛋糕。有单层或多层。

（2）生日装饰蛋糕：围绕生日主题，以形式多样、平面或立体的形式表现的蛋糕。

（3）多层蛋糕：以多个蛋糕坯经过装饰后直接组装在一起的一种多层蛋糕。用于婚礼、庆典、酒会等大型典礼上。

3. 常用工具：制作主题蛋糕的常用工具有转盘、搅拌机、秤、片刀、裱花嘴、裱花袋、铲刀、剪刀、花托、干净的抹布等。

4. 常用原料：主要有 14 种。

鲜奶油　　黑樱桃

巧克力装饰片　　巧克力花　　巧克力溶液

饼干

杂果罐头

食用色素

新鲜水果

樱桃酒

蛋糕坯

糖浆

21

西点 黑森林蛋糕

◀ 准备原料 ▶

蛋糕坯 1 个、鲜奶油 1 支、巧克力装饰片 100 克、糖浆少许、黑樱桃 250 克、樱桃酒少许

1. 准备蛋糕：把蛋糕坯分切成均匀的三片，每片用糖浆和樱桃酒刷湿。

2. 搅打奶油：打发鲜奶油并以樱桃酒调味。

3. 修整夹层：取一片蛋糕坯涂抹一层打发鲜奶油，放上一层沥干水的黑樱桃，铺平，再抹上一层鲜奶油；盖上第二层蛋糕，涂抹一层打发鲜奶油，放上一层滤干水的黑樱桃，再抹上一层鲜奶油；盖上第三层蛋糕，将蛋糕顶部和侧面全部覆盖上打发鲜奶油。

4. 装饰定型：将奶油定型，挤在蛋糕上，并用巧克力片装饰蛋糕侧面及空白处即可。

巧克力脆皮蛋糕

除了将巧克力刨片后粘于蛋糕表面外，还可将巧克力直接熔化或与奶油一起来制作脆皮蛋糕。

先用一个直径 12 厘米的蛋糕坯，从中间分开，用糖浆湿润剖面，并夹入一层杏仁果。后在蛋糕的表面和侧面用掺有巧克力酱的鲜奶油均匀地涂抹一层。将 200 克巧克力隔水搅化至光滑，倒于蛋糕表面，用抹刀抹平，并轻敲蛋糕，使巧克力均匀流满整个蛋糕，冷却至定型。用稍热的小刀将蛋糕底部边缘修整好，在表面稍加装饰即可。

1. 用抹刀抹面时，刀身应与蛋糕表面平行。抹侧面时，抹刀应与蛋糕侧面呈 35° 角。

2. 蛋糕的每一层均用樱桃酒调过味的糖浆湿润。

3. 应给黑樱桃沥干水，避免水分过多破坏蛋糕质地。

4. 糖浆中樱桃酒的调配比例应为 10%。少则无味，多则糖浆太稀会破坏蛋糕质地。

22

西点 奶油裱花蛋糕

◆ 准备原料 ◆

蛋糕坯1个、鲜奶油1支、巧克力溶液少许、食用色素少许、杂果罐头少许、饼干适量

◆ 技能训练 ◆

1. 准备蛋糕：把蛋糕坯分切成均匀的两片。

2. 搅打奶油：打发鲜奶油。

3. 修整夹层：取一片蛋糕坯涂抹一层打发鲜奶油，放上一层沥干水的罐头杂果，再抹上一层鲜奶油。盖上第二层蛋糕。将蛋糕顶部和侧面全部覆盖上打发鲜奶油。

4. 装饰定型：在蛋糕坯中间用饼干搭一个小房子，或是根据主题用打发奶油挤上不同的花朵进行装饰，也可挤上小动物。

5. 最后修饰：用10齿裱花嘴在蛋糕侧面挤上一些花纹即可。

◆ 拓展空间 ◆

我们还可以根据过生日的人的属相，在蛋糕上挤出十二生肖图案。

试试挤条"小龙"——蛇

1. 用中号圆形裱花嘴，装好打发的鲜奶油。

2. 先制作蛇身体的前半截。将裱花嘴向上绕两圈约 2~3 厘米呈 120° 角，一提，挤出三角形头部，再将裱花嘴插入蛇身体前半截的开头处，向外带出 "S" 形尾部。

3. 用巧克力酱细裱出嘴巴、眼睛和蛇身上细小的花纹，用橙色或绿色喷粉上色，最后用红色果酱在嘴巴前端拉出蛇信子即可。

◀ 温馨提示 ▶

1. 蛋糕表面与侧面涂抹的鲜奶油应平整光洁，无蛋糕屑。

2. 小房子、小动物和花应形象、精细，比例适当。

3. 使用抹刀抹面时，刀身应与蛋糕表面平行。抹侧面时，抹刀应与蛋糕侧面呈 35° 角。

4. 反复练习给蛋糕分片和给鲜奶油调色，注意鲜奶油上色 2 小时后色泽会变深。

5. 构图应活泼可爱，整个蛋糕的颜色不应超过 5 种。

23
西点 双层蛋糕

◀ 准备原料 ▶

蛋糕坯 2 个，鲜奶油 1 支，食用色素适量，巧克力花、鲜花、新鲜水果适量

1. 奶油搅打：打发鲜奶油。预先处理好巧克力花、鲜花和新鲜水果，备用。

2. 修整夹层：依次用鲜奶油将 2 个蛋糕坯表面和侧面抹平，做到平整光洁，无蛋糕屑，并放入相应的模板上。

3. 装饰定型：使用 12 齿裱花嘴给 2 个蛋糕侧面挤上相同或不同的花边。

4. 最后修饰：将巧克力花、鲜花、新鲜水果以蛋糕架支柱为中心，有序地摆放到蛋糕表面。将装饰好的蛋糕按先大后小的顺序组装好，用绸带给模板底边稍加装饰即可。

◀ 拓展空间 ▶

糖粉与糖霜

糖粉和糖霜都是西饼制作中常用的糖饰之一，颜色洁白，是蛋糕及其他烘焙食物的甜味外衣。

糖粉是面粉状的糖或者磨碎的砂糖再加一定比例的玉米淀粉做成的干性粉末；蛋白糖霜是用蛋白粉加柠檬汁等打发而成，为湿性。

● 糖霜西饼　● 糖粉西饼

练习制作糖霜

1. 取吉利丁片 10 克，用水 30 克浸泡 30 分钟，加入麦芽糖 30 克，隔水加热至溶化。加入白油 15 克混合均匀。

2. 将混合好的液体倒入 300 克糖粉中，再均匀加入 200 克糖粉揉搓至糖皮拉不断为佳。

3. 包好糖皮，放置 24 小时后才可使用。

4. 有很多饼店常用糖霜来制作装饰蛋糕，且制作出的花卉、动物、拉丝立体感强，并能延长存放期限，是制作各式庆典蛋糕的主角。

◀ 温馨提示 ▶

1. 装饰用新鲜水果和鲜花一定要经过处理后再使用，并确保预先处理好的巧克力花、鲜花、新鲜水果完整。

2. 装饰蛋糕的主题与构思，应与节日氛围和消费对象身份相符。

3. 制作立体多层蛋糕时，蛋糕坯应一层比一层小，整体构图应与顶层装饰物相呼应。

4. 每一层蛋糕切面均要用樱桃酒调味的糖浆润湿。糖浆中樱桃酒的比例一般为 10%，少则无味，多则糖浆太稀会破坏蛋糕的质地。

5. 使用拉糖花、巧克力花装饰时，应提前 1~3 天将备料制作好，到时直接组装即可。

6. 由于制作时间长，打发的鲜奶油易老化或熔化，应保证鲜奶油及操作间温度在 22℃左右。必要时，应随时将鲜奶油放置在电冰箱中。

◀ 思政教学资源 ▶

—— 热爱专业，创新奋进 ——

以热爱专业、创新奋进为主题，通过播放饭店行业从业者优秀代表或学校历届专业优秀毕业生视频，引导学生理解并自觉践行职业规范和行业荣辱观，增强职业责任感，培养遵纪守法、爱岗敬业、无私奉献、诚实守信、公道办事、开拓创新的职业品格和行为习惯。

第四篇

塔与派

　　塔与派多属于混酥类点心，以油脂和面粉为主要原料混合制成面坯，配以各种馅料制作成的一种盘状制品。可作为早、中、晚餐点心食用，也是零食和各种酒会、宴会、派对、庆典及下午茶的必备点心。

　　本篇学习的是塔与派的制作技艺，要求成品细腻光滑、软硬适度；大小一致、造型美观；色泽金黄、均匀；馅心用量适中，装饰美观。

　　塔与派的制作流程：根据品种要求准备原材料→调制面团→面团静置→烤炉预热→分割面团→组装模具→填入馅料→成型→表面装饰→烘烤→成品。

考核标准

项目	标准	分值
德育	能够将工匠精神、创新精神融入面点制作中	30
	培养自主学习的精神，不怕苦、不怕累	
	具有较强的审美意识及职业素养	
理论	能合理搭配膳食，掌握营养均衡常识	20
	掌握塔与派起发的基本原理	
	掌握塔与派的成品标准	
技能	熟悉塔与派的制作工艺流程	50
	掌握塔和派的面团搅拌投料顺序，能判断搅拌程度	
	掌握塔与派的成型方法及馅料、装饰料的制作方法	
	掌握塔与派馅心打发程度的判断方法	
	掌握塔与派成熟烘焙技术要求	

分项考核标准	
塔	选料精良、营养均衡；细腻光滑、无颗粒；软硬适度，外形饱满；大小一致、造型美观；层次分明、色泽金黄；馅料柔软细滑，用量适中；塔皮酥脆有韧性、味甜香；100分钟内完成
派	面糊光滑、软硬适度；细腻光滑、软硬适度；大小一致、造型美观；火候适当、色泽均匀、为金黄色；馅心用量适中，装饰美观；60分钟内完成

模块 12
塔

1.塔：塔是英文 tart 的译音，是以油酥面团为坯料，借助模子，通过制坯、烘烤、装饰等工艺而制成的内有馅料的一类较小型的点心。也译作"挞"。其形状可随模子的变化而变化，外面多以水果精心点缀。

2.常用设备工具：制作塔类西点时，常用到电烤炉、通心槌、搅拌机、小纸花杯、抹刀、塔盏（成型模子）、裱花嘴、裱花袋等设备工具。

3.常用原料：主要有 12 种。

白砂糖　　食盐　　面粉

牛奶　　鸡蛋　　香橙果酱

片状起酥油　　吉士酱　　香草精

泡打粉

椰丝

黄油

24

西点 层酥蛋塔

◀ 准备原料 ▶

皮料│面粉 500 克、黄油 75 克、清水 250 克、盐 10 克、片状起酥油 300 克

馅料│鸡蛋 8 个、开水 500 克、糖 250 克、牛奶 120 克

◀ 技能训练 ▶

1. 准备原料：逐一称好原料，将面粉过筛，备用。

2. 调制水皮面团：将面粉与盐混合，置于案台上，开窝，加入熔化的黄油和水，揉搓成光滑的面团，静置 15 分钟。然后将面团擀成一个大长方形（长 6 厘米 × 宽 3 厘米），放入电冰箱冷藏 25~30 分钟。

3. 调制酥心：将黄油揉软，用保鲜膜包住，用擀面杖敲打成平整的长方形（长 3 厘米 × 宽 1.5 厘米），放入电冰箱冷藏 25~30 分钟。

4. 开酥：取出水皮面团和酥心，把酥心放在面皮上，用水皮包住酥心，压紧边缘。用擀面杖将水皮擀成长方形，折叠成均匀的三等份，再擀开成长方形，对折成四等份，再擀开成长方形，再折叠成均匀的三等份，置于电冰箱内冷藏 20 分钟，静置松弛。

5. 成型：取出已开好酥的面团，擀成 0.5 厘米厚的薄片，静置 5 分钟，让面皮松弛。准备直径 10 厘米的塔盏，用 12 厘米的圆吸印出面皮。将面皮按压于塔盏内，备用。

6. 调馅：将开水与糖搅拌至糖溶化。打匀鸡蛋，与糖水和牛奶混合均匀，最后加入淀粉调匀，过筛。将馅料倒入塔盏内的面皮上至八分满。

7. 烘烤：将生坯放入烤炉，保证面火 190℃、底火 200℃，烘烤 20~23 分钟到馅料凝固即可。

◀ 拓展空间 ▶

也可以选用新鲜水果来制作塔类点心，配以鲜奶油，外酥内滑还有水果味。

新鲜水果塔的制作方法

1. 选用事先烤好的塔盏，打发鲜奶油，将水果洗净切好。

2. 用 10 齿裱花嘴给塔盏内挤满鲜奶油，饰以切好的水果，表面刷一层透明果胶即可。

◀ 温馨提示 ▶

1. 在揉制和擀制层酥面团时，应将温度保持在 15℃~20℃之间。

2. 擀制好层酥塔皮后，除擀成片状用圆吸印出面皮外，还可直接将面皮卷起呈圆柱形，冷藏后用刀沿横截面切成 0.5 厘米厚的面片，有异曲同工之妙。

3. 把塔皮放到塔盏后，将边角凸形花纹压实，使花纹稍高出盏边。否则，烘烤时塔皮会回缩，馅料会溢出。

4. 烘烤蛋塔时，尽可能在蛋糕馅料一凝固时就从烤箱中拿出，以防蛋糊馅料老化，制品表面不光滑、塌陷。

5. 面皮应调制得稍软些，方便包入黄油后进行擀制。

6. 夏天擀制面皮时，每擀制一次，就必须将面团放入电冰箱中冷藏 10~15 分钟，再进行下一次擀制，这样会避免黄油因天气、擀制时的摩擦力等因素造成油脂熔化而影响成品质量。

7. 擀制面皮时一定要把握好擀制力度，确保起酥油分布均匀。

25

西点 松酥椰塔

◀ 准备原料 ▶

皮　　料│面粉250克、黄油150克、香草粉2克、盐2克、糖100克、鸡蛋液50克

馅　　料│椰丝375克、水200克、糖150克、吉士酱50克、黄油150克、泡打粉7克、鸡蛋4个、面粉100克

表面用料│香橙果酱30克

◀ 技能训练 ▶

1. 准备原料：逐一称好原料，给面粉过筛，备用。

2. 调制面团：将黄油置于案台上，加入糖、盐和香草粉混合均匀，加入鸡蛋液和面粉混合揉搓至光滑均匀，调成面团。将面团放入电冰箱冷藏约30分钟。

3. 调制馅心：打蛋成液，和其他馅心原料一起放入一个大盆内搅拌至均匀，静置1小时。让水分、蛋液被椰蓉完全吸收即可。

4. 捏制塔盏：取出面团，分成重30克1个的面剂。准备直径为10厘米的塔盏，取一个面剂放入塔盏内，用大拇指和食指将面剂均匀地推捏满整个塔盏。

5. 添馅：在裱花袋内装入椰蓉馅，依次挤入推捏好的塔盏内，至九成满，再在面上挤上香橙果酱。

6. 烘烤：将塔盏放入烤炉，保持面火190℃、底火160℃，烤至原料上色熟透即可。

◀ 拓展空间 ▶

用此法捏好塔盏，通过变化馅心可制作出风味各异的塔点。

◀ 温馨提示 ▶

1. 应当用慢速搅拌酥松面团，防止面团过度生筋、油脂快速熔化。

2. 应将烤箱预热到200℃，因为初始的高温有助于使底层塔皮酥脆，避免被馅料浸泡后变潮。

3. 调制椰蓉馅时，应注意不要搅拌过度，因为这样会使馅料中的面粉起筋，成品馅心偏硬，影响制品的口感。

4. 练习捏塔盏时，可用一般的温水面团进行，以降低练习成本。

◀ 思政教学资源 ▶

——— 发扬"三牛"精神 ———

"前进道路上，我们要大力发扬孺子牛、拓荒牛、老黄牛精神，以不怕苦、能吃苦的牛劲牛力，不用扬鞭自奋蹄，继续为中华民族伟大复兴辛勤耕耘、勇往直前，在新时代创造新的历史辉煌！"迎辛丑牛年、话百年梦想，习近平主席在2021年春节团拜会上的重要讲话中特别勉励全党全国人民大力发扬"三牛"精神。

模块 13

派

知识要点

1. 派：是英文"pie"的音译，为一种带馅儿的西式点心，它用扁平的圆盘子，铺上酥松面皮，填入各种馅料制成。

2. 制作派的常见错误及原因：

（1）面团硬：可能是因为油脂太少，液体不足，面粉筋性太大，搅拌过度，擀制时间太长或使用碎料太多，水分过多。

（2）未成酥皮状：可能是因为油脂不足，油脂搅拌过度，面团搅拌过度或擀制太久，面团或配料温度过高。

（3）底层潮湿或不熟：可能是因为烘烤温度过低，派底温度不够，填入了热馅料，烘焙时间不够，面团种类选择不当，水果派的馅料中淀粉量不足。

（4）面皮收缩：可能是因为面团揉制过度，油脂不足，面粉筋性太大，水分过多，面团拉扯过多，面团醒发时间不足。

（5）馅料溢出：可能是因为顶部派皮未留气孔，上下皮接合不紧，烤箱温度过低，水果过酸，填入了热的馅料，派馅中淀粉量不足，派馅中糖量过多，馅料过多。

3. 常用工具：制作派类西点时，常用到搅拌机、通心槌、擀面杖、抹刀、派盘等工具。

4. 常用原料：主要有 12 种。

白砂糖　　食盐

低筋面粉／糕点粉

柠檬　苹果　肉桂粉

片状起酥油　黄油　草莓

粟粉　糖浆　蛋黄

26
西点 松酥苹果派

◀ 准备原料 ▶

　　皮料｜低筋面粉 250 克、片状起酥油 175 克、清水 75 克、盐 5 克、糖 15 克、蛋黄 1 个

馆料 | 苹果 450 克、黄油 15 克、糖 45 克、水 30 克、粟粉 15 克、肉桂粉 2 克

◆ 技能训练 ◆

1. 准备原料：逐一称好原料，面粉过筛，将盐、糖放入清水中溶化备用。

2. 调制面团：将起酥油切粒揉入面粉中，使油脂成豌豆般大小后再放入盐糖溶液，轻轻搅拌至水被完全吸收。给面团盖上保鲜膜，放入电冰箱静置 4 小时。

3. 调制馅心：给苹果去皮、去核搅成泥，将水、糖、黄油煮开，加入苹果泥搅拌均匀，再加入粟粉等配料，煮至苹果泥成浓稠状即可。

4. 擀制成型：将面团取出，分成两份，再将面团擀成面积为 20 平方厘米大的面皮放入盘中，再用擀面杖将边角压实。

5. 擀切填馅：将苹果馅平铺在面皮上。取一块面团擀切成 0.3 厘米厚、2.5 厘米宽的面条，纵横交错铺于苹果馅上成菱形格子，刷上蛋黄液即成生坯。

6. 烘烤成熟：将生坯放入烤炉内，保持面火 210℃、底火 220℃，烘烤 10 分钟后降低炉火，再用面火 165℃、底火 175℃继续烘烤 10~15 分钟即熟。

◆ 拓展空间 ◆

制作蛋乳泥派

用同样方法，通过更换馅料即可制成新的西饼。如用蛋乳泥作馅料就变成了蛋乳泥派。

蛋乳泥派的用料及制作方法如下：

1. 将牛奶 200 克与白糖 25 克煮沸。

2. 将蛋黄 8 个、全蛋 4 个、粟粉 16 克和糖 25 克搅拌至光滑。

3. 把鸡蛋混合液慢慢倒入热牛奶中，不断搅拌，边加热边搅拌，至混合液沸腾后，熬至稍微黏稠，撤火，冷却即可。

◆ 温馨提示 ◆

1. 低筋粉是制作派类西饼的最佳原料，它既易于擀制和成型，又能保

证成品足够酥松。

2. 和面时，注意不要过度搅拌，否则会起筋影响成型。

3. 面粉与油脂稍加拌和即可，让油脂仍呈颗粒状，这样可以保证口感酥松。

4. 将面皮放到派盘后，应将边角压实，切忌拉拽，否则，烘烤时面皮会回缩。

5. 烘烤生坯时，开始要用高温，让馅料快速凝固，使面皮有酥脆感。

27
西点 新鲜草莓派

◆ **准备原料** ◆

皮料 | 糕点粉 250 克、黄油 175 克、清水 65 克、盐 5 克、糖 15 克

馅料 | 草莓 410 克、冷水 250 克、糖 400 克、粟粉（玉米淀粉）60 克、柠檬汁 30 克、盐 3 克

◆ **技能训练** ◆

1. 准备原料：同苹果派的制作方法。

2. 调制面团：同苹果派的制作方法。

3. 调制馅心：将草莓洗净搅成泥，水、糖煮开后加入草莓泥搅拌均匀，再加粟粉等辅料煮成浓稠状即可。

4. 擀制成型：将面团取出分成两份。将面团擀成面积为 23 平方厘米大的面皮，放入盘中。用擀面杖将面皮边角压实，再用叉子刺穿面皮，后用另一个派盘盖在面皮上，使派皮夹在中间。

5. 烘烤成熟：将派盘倒扣在烤盘中，然后放入烤炉中烘烤，保持面火 220℃、底火 230℃，烘焙 10~15 分钟，再取下上面的派盘，烤至原料上色即可。

6. 装饰切件：将鲜草莓馅填入烤熟的面坯上，抹平，刷上一层糖浆，再放入电冰箱内冷藏 2 小时即可切件。

◆ 拓展空间 ◆

用此方法，通过变化馅心可制作出不同风味的派，如蓝莓派、香橙派等。

◆ 温馨提示 ◆

1. 在揉制面团和面团成型中，应将温度控制在 15℃ ~20℃之间。

2. 将面皮放入派盘后，一定要用叉子刺穿面皮，将中间的空气排出。

3. 将面皮放到派盘后，应将边角压实，但不能拉拽，否则烘烤时派皮会回缩。

4. 食用时再填入馅料，以防派皮被浸湿。

5. 在填入新鲜水果后，一定要在水果表面刷上一层透明果胶或糖浆，以增加水果的光亮度，还可避免水果变色或干枯。

第五篇

泡芙

　　泡芙，是英文"puff"的音译，是一种源自意大利的甜点。它在烤制好的面坯中挤入奶油、巧克力，甚至裹入冰激凌，因此又有奶油空心饼的别称。

　　泡芙一般分为圆形和长方形两种，随着人们审美水平的提高及烹饪工艺的不断改进，泡芙的形状及烹饪工艺有了很多变化，从简单的图形到阿拉伯数字造型再到各种组合图案，可谓应有尽有。

　　泡芙外表松脆，色泽金黄，有花纹，形状美观。其本身没有任何味道，主要靠各种馅心来调节口味。常用的馅心有鲜奶油、吉士酱，各种布丁、巧克力、奶黄馅等甜香肥滑的原料。

　　泡芙多作为午、晚餐的点心及艺术蛋糕的装饰品，非常适合老人和小孩食用。

　　本篇学习的是泡芙的制作技艺。泡芙本身没有味道，主要靠馅料来调节口味。其成品要求大小一致，造型美观；色泽均匀，外松脆内空心；挤制馅料适中，装饰美观。

　　泡芙的制作流程：根据品种要求准备原材料→烤炉预热→调制面糊→剂制成型→烘焙成熟→调制馅心→挤制馅心→成型造型→表面装饰→成品。

◆ 考核标准 ◆

项目	标准	分值
德育	培养对制品精益求精、精雕细琢的工匠精神	30
	节约用料，能养成良好的成本管理习惯	
	具有较强的自我心理调节能力	
理论	能合理选用泡芙制作原材料	20
	掌握泡芙起发的基本原理	
	掌握泡芙的成品标准	
技能	熟悉泡芙的制作工艺流程	50
	掌握泡芙的面团搅拌投料顺序，能判断搅拌程度	
	掌握泡芙成型方法及馅料、装饰料的制作方法	
	掌握泡芙馅心打发程度的判断方法	
	掌握泡芙成熟烘焙技术要求	

分项考核标准	
泡芙	选料精良、营养均衡；面糊光滑、软硬适度；大小一致，造型美观；色泽均匀，外松脆内空心；挤制馅料适中，装饰美观；60分钟内完成

模块 14
泡芙

看视频
做西点

◆ **知识要点** ▶

1. 泡芙：也称卜乎、空心饼、气鼓等，是用水或牛奶、黄油、鸡蛋制成的带馅点心。

2. 泡芙品质的特点：泡芙外脆里糯，绵软，香甜，肥滑，色泽金黄，外形美观。

3. 常用工具：制作泡芙时，常用到烤箱、烤盘、炉灶、铁锅、裱花嘴、裱花袋、漏勺、剪刀、勺、粉筛等工具。

4. 常用原料：

（1）馅心原料：制作泡芙常用到鲜奶油、黄油忌廉、香草忌廉、巧克力忌廉等馅心。

（2）装饰原料：制作泡芙常用到忌廉、巧克力糖粉、果酱、水果等装饰原料。

面粉　　鸡蛋　　忌廉

巧克力糖粉　　黄油　　糖粉

水果

巧克力酱

果酱

28

西点 **奶油泡芙**

◀ 准备原料 ▶

面粉 500 克、忌廉（植物奶油）250 克、清水 700 克、黄油 90 克、鸡蛋 10 个、糖粉 100 克

◀ 技能训练 ▶

1. 准备原料：将原料逐一称好，面粉过筛，备用。

2. 调制面糊：将清水、黄油一起放入锅内烧沸，然后将面粉倒入锅内并让其在水面上漂浮 5~10 秒后，再用小擀面棍将其迅速搅匀成为熟面团。

将熟面团倒在面板上，趁热将熟面团揉匀后放入盆内，打蛋成液，分 5~6 次加入鸡蛋液，揉匀成面糊状。

3. 挤制成型：先在烤盘里刷上一层薄油，并撒上少许面粉，或垫上高温油布；再将面糊装入 7 齿裱花袋里，在烤盘中挤成直径为 5 厘米的实心圆球。

4. 烘烤成型：将生坯入烤炉烘烤，保持面火 200℃、底火 180℃，时间 15~20 分钟，烤至金黄色即可。

5. 填馅装饰：在泡芙底部或旁边捅一个洞，把奶油忌廉用平口裱花袋灌进去，最后在泡芙表面撒上糖粉作装饰。

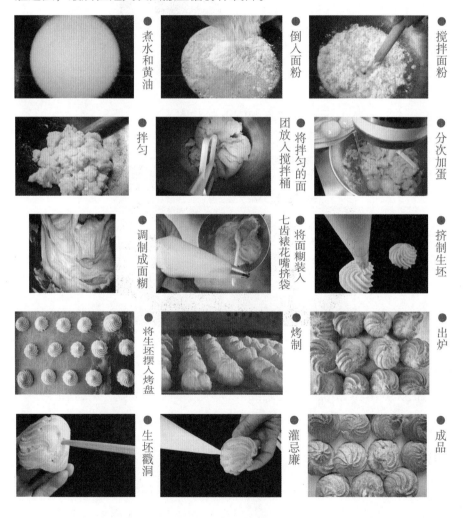

煮水和黄油　　倒入面粉　　搅拌面粉

拌匀　　将拌匀的面团放入搅拌桶　　分次加蛋

调制成面糊　　将面糊装入七齿裱花嘴挤袋　　挤制生坯

将生坯摆入烤盘　　烤制　　出炉

生坯戳洞　　灌忌廉　　成品

◀ 拓展空间 ▶

　　1.可用此方法挤制不同形状的泡芙，如阿拉伯数字泡芙、小动物泡芙等。

　　2.可用炸制的方法使之成熟，先用80℃的油浸炸，待生坯慢慢浮起后，再升温到180℃，炸制生坯表面金黄、定型熟透即可。

◀ 温馨提示 ▶

　　1.制作泡芙时，一定要将面糊烫熟，否则，面团吃蛋少，影响起发度。

　　2.一定要等鸡蛋液与面粉完全揉匀无颗粒后，才能第二次加入鸡蛋液，否则，会影响成品质量。

　　3.将生坯入盘时，应控制好生坯的间距，防止粘在一起。正常间距一般为3~4厘米。

29
西点 天鹅泡芙

◀ 准备原料 ▶

坯　　皮┃面粉120克、黄油90克、鸡蛋3个、清水200克、盐1克

馅　　心┃打发鲜奶油300克

装饰原料┃红色果酱30克、黑巧克力酱30克

◀ 技能训练 ▶

1. 准备原料：逐一将原料称好并将面粉过筛，备用。

2. 调制面糊：将清水、黄油、盐一起放入锅内烧沸；将面粉倒入锅内并让其在水面上漂浮5~10秒，用小擀面棍将其迅速搅匀成熟面团，倒在面板上。趁热将熟面团揉匀后放入搅拌机或盆内，打蛋成液，分5~6次加入鸡蛋液，揉匀成面糊。

3. 挤制成型：在烤盘里刷上一层薄油，并撒上少许面粉，或垫高温油布。将面糊装入平口裱花袋里，在烤盘中挤成正反两种"2"字形。放入180℃烤箱，烤5分钟后取出。再在烤盘上挤出水滴形状的面糊，注意中间要留出较大的空隙。

4. 烘烤成型：将生坯入烤炉烘烤，面火200℃、底火180℃，时间15~20分钟，烤至金黄色即可。

5. 填馅装饰：将泡芙坯从中下层切开，再将上半部对切，底部用七齿裱花嘴挤上奶油。将"2"字形天鹅颈部插入泡芙前部，然后装上两瓣翅膀。最后用牙签蘸少许黑巧克力酱，点上眼睛，用红果酱点上鹅冠即可。

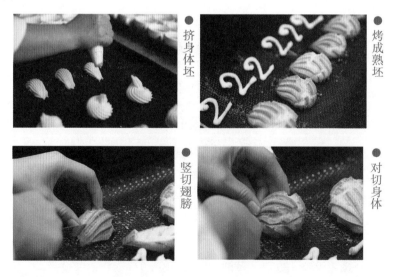

挤身体坯　　烤成熟坯

竖切翅膀　　对切身体

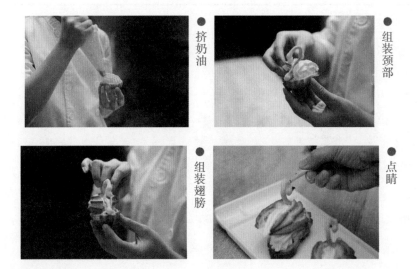

挤奶油　　组装颈部

组装翅膀　　点睛

◆ 拓展空间 ◆

用同样的面糊，选用不同的成型方法，可制作不同花样的泡芙。

泡芙的成熟方法有两种：一是烤制成熟，另一种是炸制成熟。请用炸制成熟方法制作一款泡芙成品。

◆ 温馨提示 ◆

1. 可用不加鸡蛋的面糊进行挤制成型的练习，以降低练习成本。

2. 烫面粉时，搅拌动作一定要快而熟练，否则会焦底、出现颗粒。

3. 挤制造型时，速度要缓慢，以便让学生观察清楚，还可用带花纹的裱花嘴挤制成型。

◆ 思政教学资源 ◆

在教学过程中融入社会主义核心价值观教育。要想成才，首先应该情系国家，树立报国志向，自觉投身到坚持和发展中国特色社会主义事业中去，为实现中华民族伟大复兴而努力奋斗！

幸福都是奋斗出来的

"幸福都是奋斗出来的"出自 2017 年 12 月 31 日习近平主席发表的《2018 年新年贺词》。他总结过去一年，在全国人民的共同努力下各项事业取得的辉煌成就，展望新的一年落实党的十九大精神、深化改革开放、如期打赢脱贫攻坚战、促进世界和平与发展等各项任务，洋溢着对人民伟大的赞美、对民生冷暖的关心和对人类命运共同体的责任。贺词既平实质朴，饱含人民情怀，又催人奋进，激荡光荣与梦想，点燃了亿万人民在新时代奋发向前的激情。

一起向未来

"让我们一起向未来！祝福国泰民安！"习近平主席 2022 年新年贺词中充满希望的话语，展现了中国人民追求各美其美、美美与共的崇高理想，表达了中国人民共克时艰、共创未来的坚定决心。（同步播放歌曲《一起向未来》）。

第六篇

饼干

学习导读

饼干，是一种兼具香、酥、脆、松特点的小点心。其成品大小和花样没有一定之规，可由师傅随心所欲变化和装饰。

多数饼干都是用糖油乳化拌和，来搅拌制作面团（面糊）的。所以，搅拌的时间与烘烤后成品的松酥程度有密切的关系。

饼干，既是零食也是各种酒会、宴会、派对、庆典及下午茶的点心。

本篇学习的是饼干的制作技艺，其成品和花样没有一定之规，创作和发挥想象的空间很大。其成品要求大小一致，造型美观；酥松脆香，色泽均匀。

饼干的制作流程：根据品种要求准备原材料→烤炉预热→调制面团→剂制成型→烘焙成熟→表面装饰→成品。

◆ 考核标准 ◆

项目	标准	分值
德育	能塑造良好的形体形象，具有健康的体魄 养成注重细节、追求完美的习惯 培养耐心、专注、坚持的良好习惯	30
理论	能合理选用制作饼干的原材料 掌握饼干起发的基本原理 掌握饼干的成品标准	20
技能	熟悉饼干的制作工艺流程 掌握饼干的面团搅拌投料顺序，能判断搅拌程度 掌握饼干成型方法及馅料、装饰料的制作方法 掌握黄油打发程度的判断方法 掌握饼干成熟烘焙技术要求	50

分项考核标准	
曲 奇	面团细腻光滑、无颗粒、软硬度合适；大小一致、造型美观；酥松脆香，色泽均匀；60分钟内完成
薄脆饼	
茶点小饼	
蛋白糖霜酥饼	选料精良、营养均衡；饼形圆整，螺旋状线条粗细均匀；火候适当、成品色白或浅黄色，口感酥脆；100分钟内完成

模块 15
曲奇

看视频
做西点

知识要点

1. 曲奇：是用黄油、细砂糖等主料搅拌、烘烤而成的一类酥松饼干。

2. 曲奇的常见种类：

（1）挤制型（Bagged）：将调制好的面糊用裱花袋（嘴）挤制成型。

（2）冷藏型（Icebox）：将调制好的两种或两种以上颜色的面团，放入电冰箱中变硬，然后再进行切割和烘焙。

（3）片状型（Sheet）：饼干质地密实，油脂含量高，可直接用手或模子成型。

3. 曲奇的常用成型手法：曲奇饼的常用成型手法有挤、拼、摆等。

4. 常用设备工具：制作曲奇时，常用到电冰箱、电烤箱、搅拌机、粉筛、裱花嘴、裱花袋、秤、剪刀、片刀等设备工具。

5. 常用原料：主要有 14 种。

白砂糖　食盐　面粉

蛋黄　无盐奶油

● 鸡蛋

● 奶粉

● 糖粉

● 柠檬皮

● 黄油

● 香草精

● 香葱

● 牛奶

● 可可粉

30

西点 **原味曲奇**

◀ **准备原料** ▶

无盐奶油 155 克、糖 150 克、盐 3 克、鸡蛋 3 个、中筋面粉 250 克、香草粉 2 克

◀ 技能训练 ▶

1. 准备原料：将原料逐一称好，面粉过筛，备用。

2. 调制面糊：把无盐奶油、糖、盐、香草粉放入搅拌机内，用中速拌匀使之乳化，成乳白色膨松状即可。打蛋成液，将鸡蛋液分两次加入搅拌机内，用慢速搅拌至均匀。然后，加入中筋面粉慢速拌匀成面糊状。

3. 挤制成型：在烤盘上均匀地刷上一层薄油，再撒上少许面粉，以防生坯滑动。先将 8 齿裱花嘴装入裱花袋中，再将面糊装入裱花袋内，用右手虎口握紧袋口挤制成直径为 4~5 厘米的圆形生坯。

4. 烘烤成熟：将生坯入烤炉烘烤，保持面火 180℃、底火 160℃，时间 20~25 分钟，烤至生坯表面成麦黄色即可出炉。趁热逐一将饼干从烤盘上取下，以免冷却后被粘住。

◀ 拓展空间 ▶

可用 8 齿裱花嘴挤不同形状的曲奇，如小动物曲奇、花草曲奇等。

曲奇的由来

曲奇，在美国和加拿大被解释为细小而扁平的蛋糕式的饼干。第一次制造曲奇，是由数片细小的蛋糕组合而成的。

不同种类的曲奇，会有不同的软硬度。曲奇有很多不同风格，如糖味、香料味、巧克力味、牛油味、花生酱味、核桃味或干水果味等。

◀ 温馨提示 ▶

1. 面粉必须过筛，以除去杂质。

2. 注意正确掌握原料的投放顺序，不可前后颠倒，否则会影响成品质量。

3. 搅拌原材料时，中速或低速均可。在乳化过程中，一定要把握好原材料的膨松度，不可打发过度，否则，会影响制品成型。

4. 给曲奇挤制成型时，虎口处一定要握紧袋口，以防面浆往上溢出。

5. 注意观察老师在挤制饼干原材料时是如何把握手腕的力度的，应按先重后轻的顺序将原材料向下挤在烤盘中。

31

西点 香葱曲奇

◀ 准备原料 ▶

低筋面粉 450 克、黄油 300 克、鸡蛋 2 个、糖粉 130 克、奶粉 50 克、香葱 100 克、盐 7 克

◀ 技能训练 ▶

1. 准备原料：将原料逐一秤好，将面粉、奶粉过筛备用。

2. 调制面团：将黄油、糖粉放入搅拌机内用中速搅拌均匀；打蛋成液，分次加入鸡蛋液；转慢速后，加入面粉、奶粉，搅拌均匀，最后加入香葱搅拌成面团。

3. 面团成型：将面团取出，分成 350 克重的面剂，搓成 35 厘米的长形，并用油纸包好，放入冰箱冷藏。

4. 硬化成片：待面剂形状硬化后再从冰箱取出。将其切成宽 1 厘米的片状，排放在已刷油的烤盘中。

5. 烘烤成熟：将生坯入烤炉烘烤，面火 180℃、底火 160℃，时间约 15 分钟，烤熟即可。

可通过改变果脯用料，例如蔓越莓干、葡萄干等制作出不同的饼干。

◀ 温馨提示 ▶

1. 在烤盘上刷上适量的黄油或垫上高温油布，可增加成品的香味。但应注意，刷油过多，成品易走形。

2. 在烘烤生坯时，一定要控制好炉温，炉温偏低，会导致成品下塌过度、质地干硬、色泽较浅；炉温过高，成品边缘或底部会焦化。

32

西点 格子曲奇

◀ 准备原料 ▶

A. 香草面团：无盐奶油 240 克、糖粉 150 克、蛋黄 1 个、低筋面粉 420 克、盐 3 克、柠檬皮 5 克、香草粉 2 克

B. 巧克力面团：无盐奶油 160 克、糖粉 100 克、蛋黄 1 个、牛奶 8 克、低筋面粉 280 克、可可粉 16 克、盐 1 克

◀ 技能训练 ▶

1. 准备原料：逐一将原料称好，面粉、可可粉过筛，备用。

2. 调制香草面团：把无盐奶油、糖粉放入搅拌机内，用中速搅拌均匀；

加入蛋黄，再用中速搅拌均匀；将搅拌机调成慢速后，加入低筋面粉、盐、柠檬皮末和香草粉，搅拌均匀成面团；将面团取出，擀成厚1厘米的长形薄片，然后切成宽1厘米的长条薄片，用保鲜膜包好，放入电冰箱备用。

3. 调制巧克力面团：把无盐奶油、糖粉放入搅拌机内，用中速搅拌均匀；加入蛋黄，再用中速搅拌均匀；将搅拌机调成慢速后，加入牛奶、低筋面粉、可可粉、盐，搅拌均匀成面团；将面团取出，擀成厚1厘米的长形薄片，然后切成宽1厘米的长条薄片，用保鲜膜包好，放入电冰箱备用。

4. 硬化造型：将两种颜色的面团从电冰箱中取出，分别在面团中间刷上薄薄的蛋黄液，交错重叠排好，并放进电冰箱冷藏，待其硬化后再取出。将其横切成宽1厘米的片状，排放在已刷过油的烤盘中。

5. 烘烤成熟：将生坯入烤炉烘烤，面火160℃、底火160℃，时间约20分钟，烤熟即可。

◀ 拓展空间 ▶

可通过不同色彩的组合，如红黄相间、红白相间等，制作出不同颜色的格子曲奇。

◀ 温馨提示 ▶

1. 一定要控制好调制面团的速度，先用中速后改用低速。

2. 要重点观察切件的大小和切件的刀法。

3. 反复用锯刀法练习切件，下刀要慢、用力要均匀，使刀口光滑。

4. 冷藏面团的时间要足够长，以面团硬化为宜。

模块 16
薄脆饼

◀知识要点▶

1. 薄脆饼：是用面粉、白糖、黄油、果仁等原料制作而成的厚度极薄的饼干。

2. 薄脆饼的品质特点：薄脆饼的品质特点是酥、香、脆。

3. 影响薄脆饼品质的主要因素：

（1）面团中的含水量要适中，否则，成品会绵软。

（2）用糖量要适度，多则易烤焦，少则不酥脆。

（3）油脂含量要适度，多则易松散，少则不酥脆。

（4）一定要将成品密封储存，否则会受潮，影响口感。

4. 常用工具：制作薄脆饼时，常用到粉筛、搅拌机、秤、薄饼模、裱花袋、抹刀等工具。

5. 常用原料：主要有 8 种。

面粉　蛋清

杏仁片　芝麻

● 黄油　　　　　● 椰丝

● 糖粉　　　　　● 色拉油

33

西点 杏仁薄脆饼

◀ 准备原料 ▶

糖粉 115 克、黄油 85 克、蛋白 85 克、低筋面粉 100 克、杏仁片 70 克

◀ 技能训练 ▶

1. 准备原料：逐一将原料称好，面粉过筛，备用。

2. 调制面糊：将黄油放入搅拌机内，用中速搅拌 5~8 分钟至乳化发白；加入糖粉搅拌 5 分钟，再将蛋白分次加入搅拌均匀；然后将搅拌机调成慢速，加入低筋面粉搅拌均匀即成面糊；将面糊装在大盆里，静置 20 分钟。

3. 入模成型：先将高温布垫在烤盘上，再铺上多孔薄饼模板一块，然后用抹刀将面糊摊入模板洞内并抹平。取出模板，在生坯面上均匀地撒上杏仁片。

4. 烘烤成熟：将生坯入烤炉烘烤，面火 160℃、底火 140℃，时间 8~10 分钟，烤至表面呈浅棕色即可取出。趁热将薄脆饼逐一放在薄脆饼架上定型，待冷却后取下即可。

◆ 拓展空间 ◆

用此法，可制作出芝麻、瓜仁等风味的薄脆饼。

◆ 温馨提示 ◆

1. 生坯成型时，抹刀一定要紧贴薄饼模板，慢慢地往里推抹均匀，使面糊填满模板洞，否则会影响成品质量。

2. 成品冷却后，应马上装入密封罐或包装封口，避免其受潮变软。

3. 如无薄脆饼架，可用小擀面杖代替。

4. 如无薄饼模板，可先用匙子将面糊滴落在烤盘上，再用事先蘸水的叉子将面糊摊薄，其效果与用模板做出来的效果一样。

5. 可自制薄饼模。在厚纸板或厚塑料板上挖直径为 6 厘米的圆洞即成，还可挖成三角形、方形、椭圆形等。

34
西点 蜂巢芝麻薄脆饼

色拉油 100 克、糖粉 200 克、蛋清 150 克、低筋面粉 100 克、芝麻 250 克

1. 准备原料：逐一将原料称好，面粉过筛，备用。

2. 调制面糊：将蛋清、糖粉放入搅拌机中，用中速搅拌 4 分钟至均匀。将搅拌机调至慢速，加入低筋面粉和芝麻搅拌 3 分钟成糊状，最后加入色拉油搅拌均匀，静置 30 分钟。

3. 挤制成型：将面糊装入大号裱花袋内，在放有高温布的烤盘内挤成直径为 3 厘米的圆形生坯。

4. 烘烤成熟：将生坯入炉烘烤，炉温控制在面火 160℃、底火 140℃，烘烤 8~10 分钟，呈棕色即可。成品出炉后，应立即用抹刀铲起，置于不锈钢台上冷却定型。

蜂巢杏仁薄脆饼

蜂巢杏仁薄脆饼的制作方法与蜂巢芝麻薄脆饼的制作方法相同，只是原料有所不同，具体为：白糖 2000 克、水 750 克、酥油 1200 克、杏仁 1300 克、低筋面粉 1200 克、小苏打 10 克、吉士粉 30 克、奶粉 8 克。

1. 烘烤蜂巢薄脆饼时，尽量不要用底火，否则容易烤焦。

2. 调好面糊后应静置足够长的时间，否则，成品的蜂巢孔洞形成会不充分。

3. 因面糊糖油含量高，成品易烤焦，可使用双层烤盘进行烘烤。

35

西点 椰蓉薄脆饼

◀ 准备原料 ▶

低筋面粉 100 克、黄油 150 克、蛋清 250 克、糖粉 225 克、椰丝 450 克

◀ 技能训练 ▶

1. 逐一将原料称好，面粉过筛，备用。

2. 将黄油放入搅拌机中，用中速充分搅拌 5 分钟，使黄油乳化色白。

3. 在搅好的黄油中加入糖粉，拌匀，再将蛋清分 5~7 次加入，搅拌均匀。

4. 将搅拌机调至慢速，加入低筋面粉和椰丝搅拌均匀成面糊状。

5. 把高温布垫在烤盘上，用一个小汤匙舀起面糊，将面糊堆在高温布上，用抹刀将面糊摊平成 0.8~1 毫米的厚度即可。

6. 将生坯放入烤炉内烘烤，炉温为面火 160℃、底火 140℃，烘烤 8~10 分钟，呈浅棕色即可取出。

◀ 拓展空间 ▶

可将椰丝面糊冷藏 30 分钟后，用手搓成小圆球，再放入电冰箱冷藏 15 分钟，取出，在表面刷上一层蛋黄液，入炉烘烤 10~15 分钟即成黄金椰丝球。

◀温馨提示▶

1. 做好的薄饼待冷却后应马上装入密封罐或包装封口，避免制品受潮变软。

2. 调好面糊后，可用抹刀摊平，也可用手蘸水来压制成型。

◀思政教学资源▶

— 中国传统文化中的匠人精神 —

在中国传统文化中，工匠精神比比皆是。在《诗经》中，人们就把对骨器、象牙、玉石的加工形象地描述为"如切如磋""如琢如磨"。《庄子》的"庖丁解牛，技进乎道"、《尚书》的"惟精惟一，允执厥中"，以及贾岛关于"推敲"的斟酌，都体现了古代中国的匠人精神。

中国古代工匠匠心独运，他们把对自然的敬畏、对作品的虔敬，对使用者的将心比心，连同自己的揣摩感悟，全部倾注于一双巧手，创造出令西方高山仰止的古代科技文明。曾侯乙编钟高超的铸造技术和良好的音乐性能，改写了世界音乐史，被中外专家学者称为"稀世珍宝"；北宋徽宗时烧制的汝瓷，其釉如"雨过青天云破处""千峰碧波翠色来""似玉非玉而胜玉"，以至"纵有家财万贯，不如汝瓷一片。"

《尚书·大禹谟》云："人心惟危，道心惟微；惟精惟一，允执厥中。"只有沉得下心、坐得住"冷板凳"，才能真正做出匠心独运、经得起时间检验的作品。如今，尊重工匠的劳动，以良好的环境催生新时代的工匠精神已上升到了国家战略高度，我们要充分发挥自己的主观能动性，让"工匠精神"大放异彩。

模块 17
茶点小饼

◀ 知识要点 ▶

1. 茶点小饼：是一种兼具香、酥、脆、松口感的小甜点。小甜点的成型没有一定之规，可由师傅随心所欲加以变化。烘焙后，也可用各式各样的花饰来装饰造型。

2. 常用工具：制作茶点小饼时，常用到粉筛、搅拌机、秤、裱花嘴、裱花袋、高温布、抹刀等工具。

3. 常用原料：主要有 15 种。

面粉　蛋清　蛋黄

黄油　酥油　食盐

糖粉　果仁糊　香草精

白砂糖　鸡蛋　果酱

牛奶　泡打粉　粟粉

36

西点 **果仁饼干**

◀ **准备原料** ▶

　　糖粉 50 克、黄油 100 克、鸡蛋 1 个、低筋面粉 50 克、高筋面粉 50 克、果仁糊 100 克、盐 3 克、香草粉 3 克、果酱（果仁）适量

◀ **技能训练** ▶

　　1.准备原料：逐一称好原料，面粉过筛，备用。

　　2.制作面糊：先往搅拌机内放入少量黄油，将果仁糊搅拌均匀至光滑；

然后加入糖粉，用中速搅拌均匀；打蛋成液，分次加入蛋液，最后加入盐、面粉和香草粉搅拌 3 分钟至均匀成面糊状即可。

3. 挤制成型：用带有星形花嘴的裱花袋装上面糊，在垫有高温布的烤盘上挤出想要的形状和大小的饼干。

4. 进行装饰：用果酱、果仁点缀饼干的表面。

5. 烘烤成熟：将烤盘放入烤炉中，温度控制在面火 180℃、底火 160℃，烘烤 15~20 分钟，至面糊呈浅金色即可。

6. 冷却定型：从烤箱中一拿出饼干，就立即放在不锈钢台上冷却、定型。

◀ 拓展空间 ▶

1. 制作方法不变，通过改变用料可制作出不同风味的饼干。

2. 果仁饼干也可作慕斯底坯用。

3. 不同的果仁、不同的形状，可做出不同的饼干。

◀ 温馨提示 ▶

1. 加入面粉后，搅拌时间不能过长，否则，面糊容易起筋。

2. 如果没在烤盘里垫油纸，一定要先刷油，再撒薄粉。挤制果仁饼干时，生坯的间隔不能太大，否则，饼干的边缘容易烤焦。

37
西点 黄油茶点饼干

黄油 40 克、酥油 40 克、糖粉 50 克、鸡蛋 1 个、低筋面粉 100 克、香草粉 3 克、果酱少许

◆ 技能训练 ▶

1. 准备原料：逐一称好原料，面粉过筛，备用。

2. 调制面糊：将黄油和酥油放入搅拌机内搅拌至光滑均匀，成乳状，待色泽转白后，加入糖粉充分搅拌均匀。打蛋成液，分次加入鸡蛋液搅拌均匀，最后将搅拌机调至慢速加入面粉和香草粉搅拌均匀，制成面糊。

3. 挤制成型：把圆形裱花嘴放入裱花袋中，装入面糊，在垫有高温布垫的烤盘上挤出圆形饼干。

4. 点缀装饰：用果酱点缀饼干的表面。

5. 烘烤成熟：将烤盘放入烤炉内，温度为面火 180℃、底火 160℃，时间 20~25 分钟。烤至生坯呈浅金黄色。

6. 冷却定型：从烤箱中一拿出饼干，就要立即放在不锈钢台上冷却、定型。

◆ 拓展空间 ▶

通过改变饼干表面的点缀用料，如果仁、水果等，即可制成不同风味的饼干。

◆ 温馨提示 ▶

1. 搅拌黄油和酥油时一定要均匀，待其膨松后方可加入其他原料。

2. 如不想用裱花袋挤制成型，也可以用模子或塑料薄膜将面团包裹住，然后放入电冰箱冷冻定型，再切制成型。

38

西点 **手指饼干**

准备原料

蛋黄部分：蛋黄 6 个、白砂糖 40 克、低筋面粉 150 克

蛋白部分：蛋白 6 个、糖粉 70 克、盐 1 克

技能训练

1. 准备原料：逐一将原料称好，面粉过筛备用。

2. 调制蛋黄糊：将蛋黄、糖放入大盆中，用打蛋器搅打均匀，分次加入面粉，待用。

3. 调制蛋白糊：将蛋白、糖粉放入蛋桶内，用高速打至九成发，即硬性发泡即可。

4. 调制面糊：将 1/3 的蛋白糊加到蛋黄糊中拌匀，然后再把蛋黄糊分次加到蛋白糊中，拌匀。

5. 挤制成型：把中号平口裱花嘴装到裱花袋口，装入拌匀的面糊。给烤盘刷油撒薄粉，挤上面糊，或把面糊直接挤在垫油纸上。将面糊挤成长 8 厘米、宽 3 厘米的长条状。

6. 烘烤成熟：将烤箱温度调节到面火 180℃、底火 140℃，烤制 8~10 分钟，呈浅黄色。

7.冷却定型：从烤箱中一拿出饼干，立即放在不锈钢台上冷却。也可在两条饼干中间夹上奶油或果酱。

◀ 拓展空间 ▶

制作水晶牛利饼

水晶牛利饼的制作方法与手指饼干的制作方法一样，只是通过改变用料，就可制作出水晶牛利饼。具体用料为：白糖750克、鸡蛋10个、中筋面粉750克、泡打粉3克、色拉油60克、装饰用冰糖碎200克。

◀ 温馨提示 ▶

1.蛋白打发时间不能过久，否则，成品会过于松软。

2.加入面粉后的搅拌时间不能过长，否则，面糊会起筋。

3.如果没在烤盘里垫油纸，一定要先刷油，再撒薄粉；挤制面糊时，间隔不能太大，否则容易把饼的边缘烤焦。

4.操作时，可先用面糊或鲜奶油在烤盘上练习挤制成型，要求挤制的面糊或鲜奶油大小一致。

5.在面糊中添入不同的果仁、果酱或其他如肉松、香葱等原料，均可做成不同口味的小饼。注意，添加料不可过多，否则会影响成品质量。

39
西点 华夫饼

华夫饼，又叫窝夫、格子饼，压花蛋饼，是一种烤饼，源于比利时，用专用的烤盘烤制。华夫饼是咖啡厅的经典下午茶。一般配奶酪、水果或者冰激凌或各种果酱吃。

◀ 准备原料 ▶

鸡蛋 3 个、牛奶 100 克、糖 65 克、低筋面粉 160 克、粟粉 40 克、泡打粉 5 克、黄油 60 克

◀ 技能训练 ▶

1. 准备原料：逐一将原料秤好，面粉过筛，备用。

2. 调制面糊：将鸡蛋打到桶内，再加入糖，用蛋抽打至糖完全溶化。加入牛奶搅拌均匀，加入过筛粉类（面粉、泡打粉、粟粉）搅拌均匀，无干粉颗粒。加入熔化的黄油，用蛋抽沿一个方向搅拌均匀，即成面糊。

3. 加热成型：给华夫炉预热，炉刷上熔化的黄油，加入八成面糊，盖上模具，加热约 5 分钟至熟透、两面金黄即可。

4. 装饰出品：依据客人要求，将冰激凌或各种果酱放在饼的格子里即可出品。

◀ 拓展空间 ▶

也可用烤箱制作华夫饼。

◀ 温馨提示 ▶

1. 打制鸡蛋和糖时，时间不能过久，糖溶化即可。

2. 加入面粉后搅拌时间不能过长，否则面糊容易起筋。

3. 给华夫炉刷黄油时，每个地方均要刷到。

模块 18
蛋白糖霜酥饼

◀ 知识要点 ▶

1. 蛋白糖霜酥饼：蛋白糖霜酥饼，就是将蛋白和糖粉一起搅打，然后装入裱花袋中挤出各种形状，经过烘烤而成的松脆小甜点。为了增加口味，常常在饼面上裹上糖衣、巧克力，或在饼中添入奶油、水果，或用于装饰其他西点。

2. 常用工具：制作蛋白糖霜酥饼的常用工具有秤、刮刀、烤炉、蛋刷、高温布、裱花袋、粉筛等。

3. 常用原料：制作蛋白糖霜酥饼非常简单，只需要蛋清和糖粉就能搞定。

● 蛋清

● 糖粉

40

西点 蛋白糖霜酥饼

◀ 准备原料 ▶

蛋清 120 克、糖粉 120 克

◀ 技能训练 ▶

1. 将糖粉分成两份，每份 60 克。

2. 将蛋清倒入搅拌机中，用中速搅拌 5~7 分钟，改用高速搅拌 3~5 分钟至软性发泡。

3. 边高速搅拌边加入糖粉一份，搅拌 3~5 分钟至硬性发泡。停止搅拌，用刮板或推铲将余下的一份糖粉拌匀。

4. 将高温布垫在烤盘上，把蛋白糖霜装入裱花袋中，剪一个直径 1.5~2 厘米的圆孔，由内到外在高温布上挤出直径 10 厘米的螺旋状圆形坯。

5. 给烤炉预热，将面火控制在 120℃、底火控制在 100℃，将生坯放入烤盘，烘烤 1.5~2 小时，烤硬变干呈浅黄色、酥脆即可。

◀ 拓展空间 ▶

按上述方法，在蛋白糖霜中添入些果仁碎或果仁粉，不但可以变化出不同的蛋白糖霜，还能增加其风味。

杏仁蛋白糖霜酥饼

原　　料：蛋清 120 克、糖粉 160 克、杏仁粉 120 克。

制作方法：同蛋白糖霜酥饼的制作方法。将杏仁粉同第二份糖一起加入生坯中。

烘烤方法：将炉温控制在 150℃，时长为 40 分钟。

装　　饰：用奶油将两个酥饼粘在一起，表面可撒糖粉或粘杏仁片、巧克力碎。

◀ 温馨提示 ▶

1. 确保所用器具上没有任何油脂，同时，蛋清中不能有蛋黄。

2. 正常搅打的蛋白糖霜细腻湿润而富有光泽，过度搅拌会降低其膨松度。

3. 挤制糖霜前，可在高温布上画一个圆形，然后再挤满圆圈。

4. 糖具有稳定蛋白泡沫的效果，蛋白糖霜中糖与蛋白的用量一般是 1∶1 或 2∶1，如加入过多的糖，会降低蛋白的膨松度。

5. 可将蛋白糖霜搅打成各种硬度，通常会搅打至硬性发泡、近硬性发泡和湿性发泡三种状态。在指导学生搅打蛋白糖霜时，应强调不能搅打过度，否则，糖霜会变得又干又硬，无法使用。

6. 挤制糖霜时，在裱花袋中剪的圆孔不能过小或过大。孔过小，蛋白糖霜酥饼就会太薄，不仅形状不好看，也易碎，不易从高温布上取下；孔过大，蛋白糖霜酥饼就会太厚，从而延长了烘烤时间。

第七篇

层酥

层酥制品，是烘焙房中最令人瞩目和最难制作的产品之一。它属于擀制型面团，以面粉、油脂、水为主要原料，经过调制、裹油、擀制、折叠、烘烤而膨胀到原有厚度的8~10倍的一种膨松制品。

所谓层酥，是由多层面皮和油脂交替组合、互相隔绝，形成有规则的面皮和油脂的层次。受热后，面皮中的水分产生水汽张力，将上一层的面皮用水汽张力顶起，依次一层层逐渐膨胀，最后，油脂受热熔化，渗入到没有水分的面皮中，使每一层面皮都变成了又酥又松的酥皮，制作成了可口而蓬松的制品。

同其他产品一样，层酥制品种类繁多，除配方不同外，还有制作工艺、用油比例、擀制方法、辅助原料添加、成型方法等都由烘焙师傅自己调节，故而有"有多少烘焙师傅，就有多少层酥制品"的说法。

本篇学习的是层酥的制作技艺。其成品要求大小一致，造型美观；酥松脆香，色泽均匀。

层酥的制作流程：根据品种要求准备原材料→调制面团→面团静置→开酥→烤炉预热→分割面团→包馅→成型→表面装饰→烘烤→成品。

◀ 考核标准 ▶

项目	标准	分值
德育	能够将工匠精神、创新精神融入面点制作中	30
	培养西点从业人员的职业素养	
	培养诚实、诚信的意识，加强法制观念	
理论	能合理选用层酥制作原材料	20
	掌握层酥起发的基本原理	
	掌握层酥的成品标准	
技能	熟悉层酥的制作工艺流程	50
	掌握层酥面团的搅拌投料顺序，能判断搅拌程度	
	掌握层酥的成型方法及馅料、装饰料的制作方法	
	掌握面团和酥油折叠程度的判断方法	
	掌握层酥成熟烘焙技术要求	

分项考核标准	
层酥	选料精良、营养均衡；能正确调制油酥面团，面团细腻光滑、无颗粒、软硬度适中；成品层次分明，酥松香脆；厚薄均匀，大小一致；造型美观，色泽一致；100分钟内完成

模块 19
千层酥

1. 千层酥：又叫膨松面点，与丹麦包一样，都属于擀制型面团，也就是由油脂与面皮擀制、交替组合而成。经过加热，面团膨胀，形成层次。成品口味醇香，入口即化。

花生酥条也是千层酥的一种，有很多人将这种千层点心叫作千层酥点。其变化很多，可以直接烤制面皮，稍做装饰就是一种点心；也可以压模、包馅、造型、烤制后再做装饰，成为另一种点心；或与其他点心一起组装，再烤制、再装饰。

2. 擀制酥皮的注意事项：

（1）面团要柔软，调好面团后应静置 20 分钟方可使用。

（2）擀制时，所用油脂量占面粉总量的 50%~100%。如油脂加入量不够，面团膨松程度会下降或膨松得不均匀。

（3）擀制面皮时，双手用力应一致。

（4）每次折叠后，是否需要冰冻，应视油脂的熔化程度及天气情况来定。

3. 常用工具：制作果酱酥盒的常用工具有粉筛、搅拌机、秤、圆吸、高温布、刀、蛋刷等。

4. 常用原料：常用原料主要有 12 种。

高／低筋粉　　蛋清　　蛋黄

黄油

酥油

食盐

面包粉

糖粉

打发蛋白

白砂糖

花生

蓝莓果酱

鸡蛋

41

西点 **果酱酥盒**

面包粉 500 克、黄油 75 克、盐 10 克、水 250 克、黄油（卷入面团）300 克、蓝莓果酱 50 克、蛋黄 50 克

• 技能训练 •

1. 搅拌面粉：将面包粉、盐混合均匀，将黄油熔化和水一起加入面粉中，充分搅拌至光滑。

2. 面团静置：将面团用保鲜膜包好，放入电冰箱静置 30 分钟。

3. 制作油酥：将黄油揉搓到均匀无颗粒，用保鲜膜包好，压成长方形油酥，放入电冰箱静置 20 分钟。

4. 擀制层酥：取出面团，擀成长方形（是油酥的 1 倍大）。将油酥放在面团中间，用四周的面皮完全包起。用擀面杖轻轻击打面团的中段，使油酥分布均匀，用擀制千层面包的方法将面团擀成约 1.5 厘米厚的长方形，去掉多余的干粉，均匀折成三折，再将面团擀开成长方形。按此方法折叠两次，就能擀出多层层酥。

5. 擀制面皮：将擀好的面皮分成两块，一块擀成 3 毫米厚的皮，一块擀成 6 毫米厚的皮。

6. 压模成型：用直径 7.5 厘米的圆吸在两块面皮上印出相同数量的圆形面皮，再用一个直径 5 厘米的圆吸在 6 毫米厚的圆皮中心印出一个小圆皮，形成一个圆环形面皮。

7. 涂刷蛋液：将高温布垫在烤盘上，用水或蛋黄液涂刷 3 毫米厚的圆皮，并将 6 毫米厚的圆环形面皮放在上面，再用蛋黄液涂刷表面，然后静置 20 分钟。

8. 烘烤成熟：将生坯入炉烘烤，温度为面火 190℃、底火 170℃，时间约 10 分钟，烘烤至金黄色，质地脆酥。

9. 冷却定型：将酥盒从烤箱中拿出冷却，将蓝莓果酱装入裱花袋中，挤到酥盒中间圆洞中。

制作蝴蝶酥

原料名称及用量：膨松面团 250 克、细砂糖 250 克、清水适量。

1. 在案台上撒一层细砂糖，将面皮擀成 5 毫米的长方形面皮。用刀将两边边缘修整成直线。

2. 将面皮两条长边分别折到中心线，注意不要重叠。刷一点水，按同样方法再折一次，得到一个 8 厘米 ×40 厘米的长方形。再刷一点水，对折，得到一个 4 厘米 ×40 厘米的长方形。用利刀横切成 6 毫米厚的片状，蘸上一层细砂糖，交错放在涂有黄油的烤盘上。

3. 烤制温度为面火 190℃、底火 170℃，时间约 10 分钟，待面皮呈浅棕色，取出冷却。

制作叉烧千层酥

原料名称及用量：膨松面团 250 克、叉烧馅 250 克、蛋黄适量。

将面皮擀开成 3 毫米厚的皮，用刀切成边长 10 厘米的正方形，在中间放适量的馅，沿对角线对折，刷上蛋黄液，撒上芝麻，静置后烘烤即可。

◀ 温馨提示 ▶

1. 一定要将面团静置，待松弛后再进行擀制，否则，面筋网络易断，油酥分布会不均匀。

2. 包油酥时，除了将面皮擀成长方形外，还可以擀成十字形或用无缝包法包裹油酥。

3. 每次折叠前，应将长方形的短边边缘切去少许，以看得见油酥为限，再进行折叠。

4. 成型时，不管做什么形状，一定不要用手碰捏面皮的切口或让切口粘上蛋液，避免酥层粘连，层次不明显。

5. 将面团揉搓至均匀光滑即可，否则，面团会太有弹性而不好操作。

6. 折叠面皮时，如果面皮表面干粉多，应先将干粉去除再进行折叠，必要时可喷一层清水，以利于面皮黏合。

7. 将擀好的膨松面团放在电冰箱中冷藏，用时取出再用。在后面的示范课时，教师可不用再次示范擀制面皮，而让学生自己制作面皮，由教师讲解，这样，其余学生也可从中掌握更多诀窍。

42

西点 花生酥条

◀ 准备原料 ▶

高筋面粉 300 克、低筋面粉 250 克、盐 8 克、白砂糖 65 克、酥油 265 克、鸡蛋 1 个、水 200 克、花生 200 克、糖粉 100 克、蛋清 50 克

◀ 技能训练 ▶

1. 制作面团：将面粉、盐、白砂糖混合均匀，与酥油、水、蛋一起加入搅拌机中，用中速搅拌 3 分钟，改用快速充分搅拌 3 分钟至光滑，即制成面团。用保鲜膜包好面团，放入电冰箱静置 30 分钟。

2. 制作油酥：揉搓酥油与高筋面粉至均匀无颗粒，即制成油酥。用保鲜膜包好油酥，压成长方形，放入电冰箱静置 20 分钟。

3. 擀制层酥：从电冰箱中取出面团，擀成长方形（是油酥的 1 倍大）。将油酥放在面团中间，把四周的面皮完全包起。用擀面杖轻轻击打面团的中段，使油酥均匀分布。与千层面包的擀制方法一样，将面团擀成约 1.5 厘米厚的长方形，去掉多余的干粉，均匀折三折，再将面团擀开成长方形。按此方法折叠两次，就能擀出多层层酥。

4.打发蛋白糊:将蛋清放入不锈钢碗内,用蛋抽搅打,边搅打边加入糖粉至发白,制成蛋白糊。

5.修整成型:将花生烤香,去皮,压碎。将面皮擀成 3 毫米厚的长方形,将四边切整齐,将蛋白糖糊均匀抹在上面,再撒满花生碎。用刀将面皮切成长 10 厘米、宽 3 厘米的长条,放在干净的烤盘上。

6.烘烤成熟:将生坯放入烤炉,烘烤 25 分钟,温度控制在面火 180℃、底火 140℃,烤到面皮呈米黄色、质地脆酥出炉。

◀ 拓展空间 ▶

利用切下来的边角废料,也可制作其他品种的层酥。

制作豆沙卷

原　　料:酥皮废料 250 克,豆沙馅 250 克,蛋黄、芝麻适量。

制作方法:

1.将酥皮废料尽可能平叠起来,再用擀面杖将其擀成 1 厘米厚的面皮。

2.将豆沙搓成直径 3 厘米的圆条,长度与面皮一致。

3.在面皮上刷上一层蛋黄液,将豆沙条卷起,捏紧收口。用刀在面皮表面划出线条,切成每件宽 5 厘米的条。在表面刷上蛋黄液,撒上芝麻,放入干净烤盘中。

4.用面火 180℃、底火 140℃,烘烤 25 分钟即可。

制作扭酥条

原　　料:膨松面团 250 克,椰蓉馅或麻酱馅 250 克,蛋黄、芝麻适量。

制作方法:

1.将面皮擀开成 4 毫米厚的皮,在上面抹上一层椰蓉馅或麻酱馅等。

2.将面皮对折、压紧,用刀切成长约 40 厘米的条状。

3.一手按住一头,一手将面条搓成麻花状,静置后烘烤即可。

此方法可用于制作各种酥条。

◀ 温馨提示 ▶

1.可利用电冰箱调节两种面团的软硬度。

2.在擀制层酥面皮时,如果发现水油皮与油酥之间有气泡,可用牙签在上面戳几个小洞，排出空气。

3. 切制抹有蛋白糖糊的面皮时，应将刀的两面蘸水后再切，避免将蛋白糖糊带下去，把面皮的切口粘紧，烘烤时不能呈现出层次。

4. 应尽量保证水油皮面团和油酥面团的软硬度一致，以便擀制时油酥与水油皮分布均匀。

5. 应尽可能均匀折叠面皮。可先在面皮上量好并划出折叠线或压出折叠线，然后再折叠。

6. 由于面团含油量较多，经人工多次擀制折叠后容易变软，春夏两季更难操作，所以，具体操作时，应视面皮的软硬度决定是否将擀过的面团放在电冰箱中冷藏，待冰硬后再进行下一次擀制。

◀ 思政教学资源 ▶

职校生的责任担当

习近平总书记指出："在实现中华民族伟大复兴的新征程上，应对重大挑战、抵御重大风险、克服重大阻力、解决重大矛盾，迫切需要迎难而上、挺身而出的担当精神。""时代呼唤担当，民族振兴是青年的责任。""青年兴则国家兴，青年强则国家强。青年一代有理想、有本领、有担当，国家就有前途，民族就有希望。"一代人担负一代人的责任，这是国家、民族发展的动力所在，青年是整个社会力量中最积极、最有生气的力量，培养青年学生的使命感，激励他们发挥创造力、想象力，成为国家、民族发展的主力，成为时代的担当者，意义重大。

基于"责任担当"，师生共同通过一个个真实的服务与管理案例，在履责中学习，在历练中成长，在认识时代使命的基础上拥抱新时代，让青春之花在新时代改革开放的广阔天地中绽放。

第八篇

布丁、慕斯与果冻

布丁，又叫布甸，是以面粉、黄油、鸡蛋、牛奶、糖等为主要原料，配以各种辅料，用各种不同的模子经过蒸或烤而制成的一种柔软、嫩滑的点心。

慕斯，是一种松软糯滑的冷冻食品，多用明胶加水和鲜奶油调制而成。常见的有巧克力慕斯、水果慕斯等，其底部多配以香酥的饼干、蛋糕等。

果冻，也叫水果啫喱冻，是由各种水果果肉、糖、吉利丁片（明胶）调制后经过冷凝而成的一种透明光滑、色泽艳丽、富有弹性、口味清新的小点心。

布丁、慕斯、果冻都属于冷冻甜品，由于它们在原料、制作工艺上有许多相同之处，故在口感等方面大同小异。它们多作为午、晚餐及下午茶点心、咖啡点心等，很受女性和小孩的青睐。

本篇学习的是布丁、慕斯、果冻的制作技艺。其成品要求大小一致，造型美观；酥松脆香，色泽均匀。

布丁、慕斯、果冻的制作流程：根据品种要求准备原材料→调制液体→冷藏处理→表面装饰→成品。

◆ 考核标准 ◆

项目	标准	分值
德育	能够将工匠精神、创新精神融入面点制作中 加强学生对职业道德内涵的认识 培养良好的自主学习习惯	30
理论	能合理选用布丁、慕斯、果冻制作原材料 掌握布丁、慕斯、果冻的凝结原理与成品标准 熟悉各种凝胶剂的特性并能合理选用凝胶剂	20
技能	熟悉布丁、慕斯、果冻的制作工艺流程 掌握布丁、慕斯、果冻投料顺序，能判断冷藏时间的长短 能选择合适的成型方法及装饰物 掌握各种布丁的成熟烘焙技术要求 掌握调制各种慕斯的原料及方法	50

分项考核标准	
布丁	❖ 黄油布丁、焦糖布丁：选料精良、营养均衡；细腻光滑、无颗粒，软硬度合适；大小一致，造型美观；色泽均匀，熟度合适；60分钟内完成 ❖ 英式布丁：细腻光滑、无颗粒，浓稠度合适；造型美观，形态均匀；定型完好，口感嫩滑，无异味；40分钟内完成
慕斯	❖ 慕斯：细腻光滑、无颗粒，软硬度合适；大小一致、造型美观；形态均匀，符合食品卫生要求；装饰美观大方、符合主题；60分钟内完成 ❖ 提拉米苏：细腻光滑、无颗粒，软硬度适中；大小一致、造型美观；形态均匀，符合食品卫生要求；装饰美观大方；60分钟内完成
果冻	调制的冻液浓稠适度、无颗粒；成品细腻光滑，形态均匀；装饰美观、符合食品卫生要求；冷藏的温度、时间合适，达到成品要求；60分钟内完成

模块 20
布丁

◀ 知识要点 ▶

1. 布丁：布丁是"Pudding"的音译名，是指以面粉、牛奶、鸡蛋等为原料而制成的柔软甜点。

2. 布丁的特点：布丁的凝固剂是鸡蛋，因此，布丁具有柔软、嫩滑的特点。

3. 制作方法：制作布丁的方法有蒸制型、烘烤型和煮制型。

4. 常用工具：制作布丁常用到搅拌机、不锈钢面盆、布丁模、刮刀等工具。

5. 常用原料：主要有 9 种。

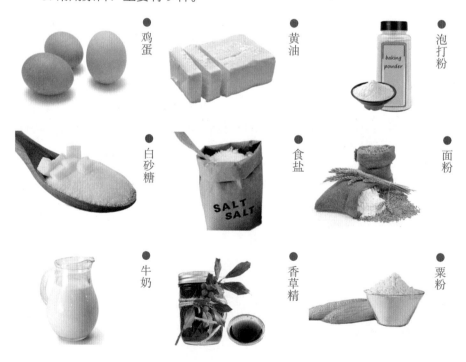

● 鸡蛋　　● 黄油　　● 泡打粉

● 白砂糖　● 食盐　　● 面粉

● 牛奶　　● 香草精　● 粟粉

43

西点 蒸制型——黄油布丁

◀ 准备原料 ▶

低筋面粉 240 克、糖 150 克、黄油 150 克、鸡蛋 3 个、牛奶 60 克

◀ 技能训练 ▶

1. 逐一称好原料，面粉过筛，备用。

2. 将黄油和糖放在搅拌机里，用中速将黄油打乳化；打蛋成液，分次加入鸡蛋液，每加一次，必须将鸡蛋液搅拌均匀后再加第二次，直至加完所有鸡蛋液。

3. 将搅拌机调成低速，慢慢加入面粉搅拌均匀，最后加入牛奶搅拌均匀，即成面糊。

4. 把面糊装入事先备好的布丁模里，装八成满即可。

5. 将成型的半成品放进蒸笼内，用中火蒸 15~20 分钟，熟透即可。

6. 将成熟的布丁趁热出模，装盘即可。

◀ 拓展空间 ▶

布丁的正式出现，是在 16 世纪英国女王伊丽莎白一世时代。它是由肉汁、果汁、水果干及面粉一起调配制作而成的甜点。

1. 掌握好黄油的打发程度。

2. 加鸡蛋液时，搅拌速度不能太快，鸡蛋液与黄油混合均匀后才能第二次加入面粉。加入时，搅拌均匀即可。切忌搅拌时间过长。

3. 不能直接加热牛奶。

44
西点 烘烤型——焦糖布丁

看视频
做西点

◀ 准备原料 ▶

牛奶 250 克、糖 500 克、鸡蛋 8 个、水 250

◀ 技能训练 ▶

1. 逐一将原料称好，备用。

2. 取 100 克糖放入锅里，小火熬制，至浆状成焦糖待用。

3. 用搅拌机将糖、鸡蛋打匀。将牛奶隔水加热后加到蛋糖液内搅拌均匀。

4. 将调好的布丁液过筛，倒入事先抹好油的杯子内。

5. 将烤盘盛一半的热水，将装有布丁浆的杯子放入烤盘内烘烤，炉温170℃，烘烤 45~60 分钟，至熟透即可。

锅中放糖　小火熬制　熬成浆状

过滤布丁液　倒入焦糖　倒入布丁液

生坯　烤制　成品

◀ 拓展空间 ▶

在制作布丁时可选择加入水果，成品口感更佳。

◀ 温馨提示 ▶

1. 熬制焦糖时一定要用小火。

2. 牛奶的温度一定要合适，过热，易使蛋液凝结成块。

3. 将布丁液倒入模具后要吸掉表面的细小泡沫，否则，成品表面会有小孔。

4. 若想保持布丁软滑，就不要冷藏得太久。

45

西点 煮制型——英式布丁

◀ 准备原料 ▶

牛奶 575 克、糖 100 克、盐 1 克、粟粉 70 克、香草粉 1 克

◀ 技能训练 ▶

1. 逐一将原料称好，备用。

2. 将 60 克牛奶与粟粉混合均匀。

3. 将余下的牛奶、糖和盐放入锅中煮沸，离火。将粟粉水慢慢倒入热牛奶中，边倒边搅拌均匀。

4. 将拌匀的布丁液再放回火上，用小火加热，边加热边搅拌，直至黏稠，小沸腾后离火，拌入香草粉，搅拌均匀。

5. 趁热将调好的布丁液倒入模子中，冷却后放入电冰箱定型。倒出模子后，稍做装饰即可食用。

◀ 拓展空间 ▶

制作椰果杧果布丁

原料及用量：杧果肉泥 160 克、吉利丁片 25 克、椰果 150 克、细砂糖 120 克、水 400 克、杧果冰激凌 120 克、动物性鲜奶油 40 克。

制作方法：

1. 将细砂糖与水放入盘中煮化后，趁热加入泡软的吉利丁片拌匀。

2. 待溶液冷却后，加入杧果泥和杧果冰激凌拌匀。

3. 加入鲜奶油和椰果拌匀。

4. 将调好的溶液倒入玻璃杯中，冷却 2 小时至凝固，即可取出食用。

◀ 温馨提示 ▶

1. 加热搅拌布丁原料时，一定要用小火，因制品含糖，很容易焦化，进而会影响制品质量。

2. 如果没有粟粉，也可用其他淀粉或鸡蛋代替使用。

3. 一定要等到调配好的原料液冷却后再放入电冰箱冷藏。不可冷冻，否则会影响成品质地。

4. 应多练习布丁溶液的加热搅拌方法。如用鸡蛋代替淀粉使用时，应先取少量煮沸牛奶，慢慢加到蛋奶液中，搅匀后，再慢慢加到余下的煮沸牛奶中，以防鸡蛋液遇热凝结成块。

5. 如果不把布丁倒出模子而直接食用，可将粟粉用量减少到 60 克，以增加制品的嫩滑程度。

◀ 思政教学资源 ▶

——— 职校生的管理思维 ———

教学过程中融入习近平总书记治国理政思想，在引导学生（员工）理解、总结什么是管理的时候提出：大到国家的治理，小到企业的管理，甚至是一个班级的管理，平时的作息管理，都有相同的理论基础。习近平总书记治国理政理论，就是体现中国的文化自信，务实、求真、担当、共享、为民、有大国意识等。从学生的现阶段学习来看，就是要紧密联系当前的形势和环境（比如人工智能、数字化经营等），同时吸收中华传统文化管理思想精髓，在党和国家政策指引下不断探索前行。

模块 21

慕斯

知识要点

1.慕斯：是从法语音译过来的，又译成木司、莫司、毛士等。它是用鲜奶油与其他调味品调和而成，或将打发的奶油拌入馅料和明胶水制成的松软甜食。

2.慕斯的特点：

（1）慕斯与布丁一样，属于甜点的一种，其质地较布丁更柔软，入口即化。

（2）制作慕斯最重要的原料是胶冻原料，如琼脂、鱼胶粉、果冻粉等，现在也有专门的食用吉利丁片（明胶）。慕斯的成品质地较为松软，泡沫多，富含奶油，有点像打发了的鲜奶油。

3.常用工具：制作慕斯时常用到模子、炉灶、铁锅、裱花嘴、裱花袋、漏勺、剪刀、勺、粉筛等工具。

4.常用原料：主要有 12 种。

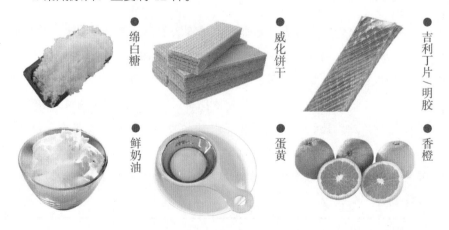

绵白糖　威化饼干　吉利丁片／明胶

鲜奶油　蛋黄　香橙

君度酒　蜂蜜　咖啡粉

可可粉　奶酪

46

西点 巧克力咖啡慕斯

准备原料

奶酪 200 克、绵白糖 60 克、咖啡粉 3 克、鲜奶油 120 克、吉利丁片（明胶）3 克、水 20 克、热开水 10 克

技能训练

1. 给吉利丁加水浸泡。

2. 将淡奶油与巧克力隔水加热，熔化后备用。

3. 将奶油芝士与绵白糖隔水加热至软化。

4. 将咖啡粉用少许热开水溶开。

5. 将步骤 2、3、4 中的材料混合在一起搅拌均匀。

6. 将吉利丁片隔水加热熔化后加到步骤 5 调制好的原料中。

7. 将上述原料搅拌均匀后，倒入模子中冷却，冻硬后进行装饰。在成品表面用裱花嘴挤上奶油，放上巧克力花与巧克力豆装饰即可。

◀ 拓展空间 ▶

慕斯的制作方法不变，通过原料、造型及点缀装饰物的变化，可制作出许许多多风味各异、形态美观的慕斯品种。

◀ 温馨提示 ▶

慕斯的制作方法简单，但一定要注意操作步骤中的每一个细节。

47
西点 香橙慕斯

◀ 准备原料 ▶

香橙 500 克、鲜奶油 100 克、蜂蜜适量、吉利丁片（明胶）15 克

◀ 技能训练 ▶

1. 取 200 克新鲜香橙果肉打成泥状，加到泡软的吉利丁片里。

2. 将鲜奶油拌入果泥中，调入适量蜂蜜，制成香橙果浆。

3. 将慕斯灌入玻璃杯中，冷藏 2 小时后至凝结，再挤上香橙果浆即可。

◀ 拓展空间 ▶

橙子

橙子是低热量、低脂肪的水果。橙子营养价值很高，含有非常丰富的蛋白质、有机酸、维生素以及钙、磷、镁、钠等人体必需的元素，这是其他水果所无法比拟的。

吃橙子前后 1 小时不要喝牛奶，因为牛奶中的蛋白质遇到果酸会凝固，影响消化吸收。橙子不宜多吃，吃完应及时刷牙漱口，以免对牙齿有害。

◀ 温馨提示 ▶

香橙慕斯的冷藏时间不可太长，否则会影响成品口感。

48
西点 提拉米苏

◀ 准备原料 ▶

威化饼干 8 块、咖啡粉 20 克、热开水 60 克、君度酒 15 克、吉利丁片（明胶）5 克、绵白糖 75 克、奶酪 200 克、蛋黄 2 个、水 20 克、鲜奶油 150 克、可可粉少许

1. 往咖啡粉中加入开水，化开后冷却。

2. 在冷却的咖啡粉中加入君度酒拌匀，制成咖啡酒，备用。

3. 在模子底部垫上 4 块威化饼干，饼干表面刷咖啡酒，待用。

4. 将奶酪和绵白糖隔水加热至 70℃后，再加入蛋黄拌匀。

5. 在步骤 4 调制好的材料中加入打发的鲜奶油，拌匀，再加入用水浸泡后隔水加热的吉利丁片，拌匀。

6. 将蛋白与绵白糖搅拌至湿性发泡，再加到经步骤 5 调制好的材料中，拌匀，即成慕斯糊。

7. 将 1/2 慕斯糊倒入经步骤 3 处理过的模子中，再在慕斯糊上垫 4 块威化饼干，在饼干表面刷上经步骤 2 调制好的咖啡酒。

8. 再将余下的慕斯糊倒入模子中，放入冰柜冷冻 30~40 分钟。

9. 在冻硬后的成品上用可可粉进行装饰。

◀ 拓展空间 ▶

提拉米苏的故事

"二战"时期，一个意大利士兵要出征了，可是家里什么也没有了。爱他的妻子为了给他准备干粮，把家里所有能吃的饼干、面包全做进了一个糕点里，暂时取名为"提拉米苏"。每当这个士兵在战场上吃到提拉米苏，就会想起他的家，想起家中心爱的人。后来，人们就将此点心叫做"提拉米苏"，意为"带走的不只是美味，还有爱和幸福"。

◀ 温馨提示 ▶

1. 慕斯的造型除圆形和长方形外，还有心形、动物形、花形等。

2. 慕斯表面除用可可粉装饰外，也可用巧克力、绿茶粉、糖粉、奶油忌廉、巧克力糖粉、果酱、水果等原料代替。

3. 在模子底部可垫入威化饼干，也可垫入手指饼干、蛋糕等。

4. 调制慕斯原料时，将鲜奶油打发至七成即可。

5. 吉利丁片一定要隔水加热。

模块 22
水果冻

◀ 知识要点 ▶

1. 水果冻：又称水果啫喱冻，是由果肉、糖、吉利丁片（明胶）、食用色素按比例调制成溶液后经冷凝定型而成的一种甜点。

2. 水果冻的特点：水果冻的外观晶莹剔透，口感软滑，色泽艳丽，富有弹性，是一种低热能、高膳食纤维的食品。水果冻还是其他冷食点心的装饰材料。

3. 常用工具：制作水果冻时，常用到炉灶、铁锅、手勺、面盆、抹刀、粉筛、温度计、搅拌机、秤、模子、电冰箱等设备和工具。

4. 常用原料：主要有 4 种。

● 食用色素

● 白砂糖

● 吉利丁片

● 杂果

49

西点 什锦果冻

◀ **准备原料** ▶

吉利丁片（明胶）15 克、开水 300 克、糖 50 克、杂果 40 克

◀ **技能训练** ▶

1. 将所用原料逐一称好，备用。

2. 取 250 克开水，将吉利丁片调化，用剩余开水溶化糖。将二者混合并冷却。

3. 将冷却后的溶液倒入各种形状、大小不同的模子或各式高脚杯中，逐一放入杂果，送入电冰箱，使其冷凝。

4. 将凝结定型的水果冻倒扣入盘中，挤奶油花或以水果装饰。如果盛器是高脚杯，则可直接装饰上桌。

◀ **拓展空间** ▶

制作简易果冻

原料：旺仔 QQ 糖一包、牛奶一盒。

制法：把 QQ 糖倒入热牛奶中，煮化装模，然后放入电冰箱冷藏一晚，第二天就可以吃了，如果在里面加入一点水果，味道会更好。

制作乌龙茶冻

时下，大多数人都喜欢喝茶、品茶，试试用乌龙茶来做茶冻。它不仅有乌龙茶的甘醇，还有果冻的嫩滑。

原料：啫喱粉 20 克、细砂糖 100 克、乌龙茶 10 克、水 600 克。

制法：

1. 将水煮沸，放入乌龙茶泡开，泡 10 分钟后滤出茶叶，选出少许整片的茶叶备用。

2. 再次将茶水煮沸，加入啫喱粉和细砂糖，搅拌至糖完全溶化。

3. 将煮好的茶糖水倒入容器中至八分满，冷却后放入冰箱中冷藏，食用时取出。

◀温馨提示▶

1. 所用工具必须消毒后才能使用。

2. 必须将溶液搅拌均匀。

3. 装模时要装九成满，高脚杯装至八成满。

4. 要把握好冷冻时间。

5. 如用的是碗形模子，取模时可将模子浸在热水中 2~3 秒，擦干水，将其倒扣装盘。如不行，再重复一次。

6. 某些品牌的果冻粉里含有糖分，但没有果味，具体制作时可根据顾客的喜好加入调味剂，效果很好，使用方便简单。例如：先烧开水，放入适量的果冻粉（比例包装上都有，不同产品的用量不同）。一边放一边搅，搅匀后放入调味剂（如"果珍"），搅匀即可。

7. 如果喜欢带水果味的果冻，可以在果冻没有凝结好以前放入水果块，但要注意不要用酸性大的纯果汁，这样无法凝结定型。

第九篇

西点装饰

学习导读

　　装饰，对于制作西点来说，能起到画龙点睛的作用。西点装饰涉及各种美学知识，它能从制品的色彩、形状、结构上给予人们不同的艺术享受。

　　在西点制作中，用于装饰的材料很多，有直接购买的，也有自己制作的，常用的有巧克力、糖泥、水果、胶糖等。

　　西点装饰，在酒店、宾馆、饼屋是很有用的，它不仅可以为企业带来可观的收益，还可以让西点师傅们一展其精湛的技艺，这对于师傅们来说是一个展示其创造力的平台。

　　本篇学习的是如何选材和搭配，制作出对各类西点起到画龙点睛作用的装饰制品来。

　　西点装饰物制作流程：根据品种要求准备原材料→原料加工→装饰处理→组装成型→表面修饰→成品。

◆ 考核标准 ◆

项目	标准	分值
德育	能够将工匠精神、创新精神融入面点制作中	30
	具有较强的自我心理调节能力	
	培养装饰图案设计构思方法	
理论	了解膳食搭配知识，合理选用食材	20
	掌握西点装饰的搭配原理	
	掌握西点装饰成品的标准	
技能	熟悉西点装饰物的制作工艺流程	50
	掌握西点装饰物的制作方法	
	掌握西点装饰物的特点和制作标准	
	能合理搭配西点装饰物	
	掌握西点装饰物技术要求	

分项考核标准	
西点装饰	❖ 熔化巧克力、巧克力片状装饰：选料精良、操作娴熟；巧克力浆细腻光滑、无颗粒；工艺适当、软硬适中；大小均匀、造型美观；60分钟内完成 ❖ 巧克力泥塑：巧克力泥软硬适中；能熟练运用捏、拼、摆等综合方法进行造型；操作娴熟、造型美观、形态逼真、色泽亮丽；40分钟内完成 ❖ 糖泥装饰：调制好的糖泥细腻光滑、无颗粒、软硬度适中；色泽均匀、亮丽、无色斑；用捏、拼、摆等方法进行整体造型；搭配合理、造型美观、形态逼真；60分钟内完成 ❖ 水果装饰：刀法娴熟、刀口平整光滑；造型美观、形态均匀；能用各种方法点缀西点；30分钟内完成
姜饼装饰面包	❖ 姜饼：软硬度合适、光滑、无颗粒；手法熟练、能运用多种成型方法；成品酥松可口；30分钟内完成 ❖ 装饰面包：选料精良、营养均衡；成品紧密坚实、不松散；符合卫生标准，无异味和杂质；120分钟内完成

模块 23
巧克力装饰

◆ 知识要点 ▶

1. 巧克力：巧克力是"Chocolate"的音译名，是将可可豆经过发酵、晾干、烘烤、研磨，提炼出糊状物的可可奶油，冷却后的硬块即为巧克力。

2. 巧克力的种类：

（1）黑巧克力（Dark Chocolate）：纯巧克力，乳质含量少于12％，可作为装饰材料用。

（2）牛奶巧克力（Milk Chocolate）：至少含有10％的可可浆及12％的乳质。

（3）无脂巧克力（Impound Chocolate）：指不含可可脂的巧克力。

（4）白巧克力（White Chocolate）：指不含可可粉的巧克力，可作为装饰材料用。

3. 巧克力装饰的种类：有巧克力片状装饰和巧克力泥花制作。

4. 常用工具：制作巧克力装饰物的常用工具，如温度计、塑料垫、抹刀、推铲、裱花嘴、模子、食用色素等。

5. 常用原料：常用原料主要有6种。

食用色素　　白巧克力　　白砂糖

 麦芽糖

 黑巧克力

 矿泉水

50
装饰 熔化巧克力

◆准备原料◆

巧克力 500 克

◆技能训练◆

1. 将巧克力切成小片后放入干净的不锈钢碗内。

2. 将碗放到温水内加热,不断搅拌,使巧克力均匀化开。

3. 将 2/3 巧克力浆倒在大理石案板上。用抹刀将巧克力摊平,并用刮刀迅速刮到一起,反复操作,至巧克力均匀冷却。

4. 当巧克力冷却到 26~29℃时,形成浓稠的糊状,将其刮回碗中,与剩余的 1/3 巧克力混合均匀。

5. 将 30~40 克巧克力放在碗中,置于温水中回温到 29~31℃即可。

巧克力

最早出现的巧克力，起源于墨西哥地区古印第安人食用的一种含可可粉的食物，它的味道苦而辣。1526年，西班牙探险家科尔特斯将该食物带回西班牙，献给当时的国王，欧洲人视它为迷药，掀起一股食用巧克力的狂潮。

后来，大约在16世纪，西班牙人让巧克力"甜"了起来。他们将可可粉及香料拌和在蔗汁中，成了香甜饮料。到了1876年，一位名叫彼得的瑞士人别出心裁，在上述饮料中再掺入一些牛奶，这才完成了现代巧克力创制的全过程。

不久之后，有人想到，将液体巧克力脱水后可以浓缩成一块块便于携带和保存的巧克力糖。1828年，荷兰的万·豪顿（Van Houten）将巧克力脂肪除去2/3，做成了容易饮用的可可饮料。

◀ 温馨提示 ▶

1. 可用制作熔化巧克力的方法，将熔化的巧克力通过不同的成型方法或使用不同的模子制作成不同形态的巧克力装饰片。

2. 一定要将巧克力切成小片，这样易于熔化。

3. 给巧克力摊平、冷却、回温时，动作一定要迅速。

4. 要重点观察巧克力的熔化过程。

5. 巧克力对温度比较敏感，熔化和冷却巧克力时都必须正确控制温度。

6. 熔化巧克力时，应将水温控制在55~60℃。熔化好的巧克力可反复使用。

51

装饰 巧克力片状装饰——弯曲条纹

◀ 准备原料 ▶

巧克力适量

◀ 技能训练 ▶

1. 将熔化好的黑（白）巧克力用平口裱花袋装好，在胶纸上挤成长条状。

2. 巧克力长条稍干后，绕在铁筒上，放进电冰箱凝固。

3. 巧克力长条凝固后，取掉铁筒和胶纸即成型。

◀ 拓展空间 ▶

可将巧克力弯曲条纹用于欧式蛋糕、慕斯等西点品种的装饰上。

◀ 温馨提示 ▶

1. 制作巧克力装饰片时，应将温度保持在 18℃~25℃。

2. 用裱花嘴挤制巧克力细条纹时，要求粗细均匀。

52

装饰 巧克力片状装饰——巧克力扇

◀ 准备原料 ▶

巧克力适量

◀ 技能训练 ▶

1. 将熔化好的黑巧克力铺在干净的大理石案板上，用抹刀将其均匀地摊成长薄层状。

2. 待巧克力快干时，用推铲向前将巧克力铲起。推铲与巧克力薄片呈35°斜角。推铲时，用大拇指抵住铲刀的一角，推铲长度根据推铲宽度与巧克力扇的大小程度来定，只要让巧克力卷成褶皱、形如扇子即可。

3. 待巧克力快干时，用印模或尺子、雕刀给巧克力刻印出各种图形。待巧克力干后，取下印模，即成巧克力薄片。

◀ 拓展空间 ▶

1. 用制作巧克力装饰片的方法制作出的巧克力扇，可用于制作形态各异的蝴蝶巧克力装饰片。

2. 不用工具，而用手直接将干了的巧克力掰成不规则的薄片也可以。

制作巧克力装饰片时，应将温度控制在 18℃ ~25℃。

刮巧克力薄片时，要求薄片宽度 7~8 厘米、厚 0.3 厘米即可。

53
装饰 巧克力泥塑

◀ 准备原料 ▶

黑（白）巧克力 1400 克（夏季）、黑（白）巧克力 1300 克（冬季）、麦芽糖 400 克、矿泉水 100 克、白砂糖 100 克

◀ 技能训练 ▶

1. 把黑（白）巧克力切成碎粒，隔水加热。在加热的过程中，要不停搅拌至巧克力完全熔化，待用。

2. 把白砂糖、水、麦芽糖用电磁炉隔水加热，然后慢慢倒入熔化了的巧克力中。边倒边搅拌均匀，搅拌速度要快。

3. 将搅拌均匀的巧克力泥，倒入一个用保鲜膜垫好的托盘中。

4. 用保鲜膜盖住巧克力泥，常温冷却后即可使用。

5. 在白巧克力泥中加入食用色素调和均匀，即成彩色巧克力泥。

6. 用各种彩色巧克力泥捏制各种造型，如福娃。

◆ 拓展空间 ◆

用不同的模子，使用不同的捏制方法，可将巧克力泥制作成形态各异的巧克力泥花。

◆ 温馨提示 ◆

1. 制作巧克力泥塑时应注意，因刚调好的巧克力泥比较软绵，要经过冷却、冷藏、风干后才具有可塑性。即便是经过冷却、冷藏、风干等工序的巧克力泥，如果室温升高，巧克力就会重新变软，因此，在造型时，应合理控制室内温度和空气干燥度。

2. 将烤过的玉米淀粉加到巧克力泥中进行调制，可保持巧克力面团的稳定性。在进行巧克力泥花造型时，应尽量先分部分造型，然后再组合在一起，大型作品还要借助于骨架。

3. 可用澄面面团代替巧克力泥进行各种花和动物的捏制练习，以降低练习成本。

◆ 思政教学资源 ◆

─── **服务也需要创新意识** ───

结合习近平总书记中国共产党第二十次全国代表大会上的报告内容，说明"服务也需要有创新意识"的重要性。

习近平总书记指出：我国的"基础研究和原始创新不断加强，一些关键核心技术实现突破，战略性新兴产业发展壮大，载人航天、探月探火、深海深地探测、超级计算机、卫星导航、量子信息、核电技术、新能源技术、大飞机制造、生物医药等取得重大成果，进入创新型国家行列。"结合中国目前部分领域科技发展现状与国际最先进水平之间存在的差距，指引学生正确认识这种差距并将其转化为奋发图强、为实现中华民族伟大复兴而努力学习的动力。同时，通过介绍中国的战略性新兴产业，以及北京2022年冬奥会上的"黑科技"等，增强学生的民族自信心。

模块 24
糖泥装饰

◀ 知识要点 ▶

1. 糖泥：糖泥是用糖粉和其他原料制作出的泥状制品。其质地如同面团，使用不同的成型手法或模子可制作各种形态美观、造型逼真的图形。

2. 常用工具：制作糖泥时，常用到擀面杖、抹刀、剪刀、牙签、模子、整形棒、食用色素等工具和材料。

3. 常用原料：主要有 6 种。

● 食用色素

● 吉利丁片

● 白油

● 水麦芽

● 糖粉

● 蛋白

54

装饰 糖泥

◀ 准备原料 ▶

吉利丁片 10 克、水 30 克、糖粉 500 克、水麦芽 30 克、白油 15 克、蛋白 35 克

◀ 技能训练 ▶

1. 将吉利丁片泡 30 分钟，加入水麦芽，隔水加热搅拌。加入白油，隔水加热，混合均匀。

2. 把拌匀的液体倒入 300 克糖粉中混合均匀，再拌入剩下的糖粉。

3. 加入蛋白充分揉匀，揉至将糖皮拉开不断为佳。然后放置 24 小时后才可使用。

◀ 拓展空间 ▶

调制杏仁糖泥

原料：杏仁泥 100 克、玉米糖浆 20 克、糖粉 100 克。

制法：

1. 将杏仁泥、玉米糖浆、糖粉放入干净的不锈钢搅拌盆中搅拌均匀。

2. 逐次加入过筛后的糖粉，每次少量，使之迅速溶解，直至达到所需浓稠度。杏仁糖泥必须质地密实，但为了易于制作，不能太干。

温馨提示

　　1.为保证调制好的糖泥颜色纯正，调制糖泥所用器具及案台必须十分干净。

　　2.必须用保鲜膜将调制好的糖泥盖好。

　　3.一般选用较白净的糖泥。不要使用铝制品器具，它们会使糖泥变色。

55
装饰 糖泥玫瑰花

准备原料

　　糖泥面团300克、食用色素适量

技能训练

　　1.将糖泥分切成两块，分别调上玫瑰红色和翠绿色。

　　2.取一小块红色糖泥，搓条，由小到大切成7~10个剂。取最小的一个剂搓成枣核状的玫瑰花心，然后将下好剂的糖泥在手中分别揉细腻，再搓成椭圆形后，用大拇指将其按成薄片状即成花瓣。

　　3.左手拿花心，右手的大拇指、食指拿花瓣的下端，包住花芯，然后将花瓣分二至三层粘在花芯周围。花瓣应逐层增加，层与层间应相互交错粘贴。粘贴时，应当用手将每片花瓣的上部边缘向外后方向卷一下，使其更像盛开的玫瑰花。

4.取一小团绿色杏仁糖泥，搓成长圆锥体，压扁，再用牙签压出叶脉，然后将其装饰在花的两侧。

5.根据需要可制作其他各式花朵。

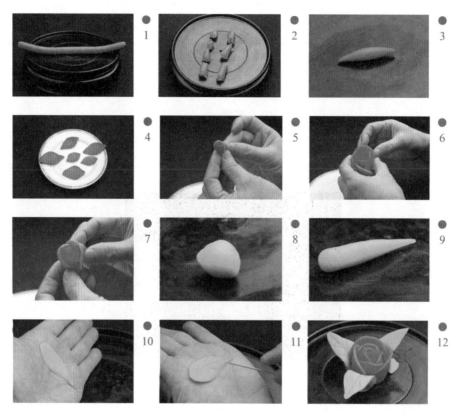

◀拓展空间▶

制作五瓣花

1.花瓣的制作：将糖泥调成粉红色并分成3克的小圆点，搓成小雨滴形状。将整形棒压入小雨滴中间，然后用剪刀将其剪成五瓣，用整形棒压一下每一片花瓣，即成。

2.花蕊的制作：将粉红色糖泥分成2克的小圆点2个，然后搓成长橄榄形，从中间对折，将花蕊用铁丝夹入。

3.五瓣花的组合：将花蕊穿入花瓣中间，铁丝部分用绑纸绑好即可。

1.为保证调制好的糖泥颜色纯正,调制糖泥所用各种器具及案台必须干净。

2.根据实际需要,可往糖泥中添加食用色素或食用香精。调色时,应由浅到深,一定要揉匀,防止出现色斑。

3.制作花时,花瓣一定要逐渐增大,花瓣层与层之间要相互交错,横向粘贴。

4.一般选用较白净的糖泥。不要使用铝制品器具,它们会使糖泥变色。

56

装饰 糖泥小熊

◀ 准备原料 ▶

糖泥面团 300 克、食用色素适量

◀ 技能训练 ▶

1.将糖泥分块,分别调上大红色、褐色和黑色等。

2.取一块褐色面团,搓圆,由小到大切成 7~10 个面剂。取最大的一个搓成枣核状做小熊的身体,然后将第二大的面团搓圆做小熊的头,再用四个面团,搓长,做小熊的手和脚,最后用两个小圆球做小熊的耳朵。

3.取两小块黑色面团,搓圆,做小熊的眼睛。取一小块褐色面团,搓圆，安成嘴巴。

4.最后用红色面团捏成领结形状，再用牙签压出纹路，然后将其装饰在小熊的脖子处。小熊可站、可坐、可卧。

◂ 拓展空间 ▸

制作糖泥水果

1.将糖泥分块，分别调上大红色、柠檬黄色、橙色、翠绿色和褐色等。

2.苹果的制作：取一块红色糖泥，搓圆成苹果形。取一小团绿色糖泥，搓成长圆锥体，压扁，用牙签压出叶脉，然后将其装饰在苹果顶部，即可。

3.草莓的制作：取一块红色糖泥，搓成草莓形。用整形棒刻出草莓根茎，放入白糖中滚一下。取一小团绿色糖泥，压扁，用牙签压出五角形叶脉，然后将其装饰在草莓顶部，即可。

4.香蕉的制作：取一块黄色杏仁糖泥，搓成长条形，一端用绿色糖泥做成香蕉蒂，整形，将几个香蕉捏在一起，即可。

5.根据需要可捏制其他各式糖泥水果。

◂ 温馨提示 ▸

1.为保证调制好的糖泥颜色纯正，调制糖泥所用各种器具及案台必须干净。

2.根据实际需要，可往糖泥中添加食用色素或食用香精。调色时应由浅到深，一定要揉匀，防止出现色斑。

3.捏制前，一定要将糖泥揉光滑后再进行造型。

4.糖泥与空气接触后很快就会变干，组装和装饰前，应给糖泥盖上湿布或将其储存于密封容器内。

5.糖泥制品练习不是几节课就可以完成的事儿，需要在以后的学习中不断练习。

模块 25
水果装饰

◆ 知识要点 ◆

1. 水果装饰：是指将各种水果雕切成各种形状，并根据各种水果的不同色泽进行组装，最后刷上一层果胶，然后用于各种蛋糕、甜点的装饰。这种装饰方法简单、好看，其成品具有较高的营养价值。

2. 水果装饰的种类：

（1）罐装水果：水果无果皮，加有食用色素，果肉色泽鲜艳，滋味甜香。水果质地柔软，果肉块小，影响切制成型。

（2）新鲜水果：水果有果皮，果肉色泽鲜艳，营养丰富，个别滋味微酸，带涩。水果质地结实，易于切制成型。切制好的水果必须经淡盐水浸泡。

3. 常用工具：制作水果装饰物的常用工具如水果刀、锯齿刀、槽刀、雕刀、挖球勺、塑料砧板等。

4. 常用原料：主要有 5 种。

杂果　　成品蛋糕　　草莓　　盐　　成品蛋塔

57

装饰 罐装水果装饰——水果蛋塔

◆ 准备原料 ▶

成品蛋塔 10 个、杂果 150 克

◆ 技能训练 ▶

1. 将罐装水果去除糖水，沥干水分。

2. 将水果切角、切扇形，或用抹刀、锯齿刀划切成数等份。

3. 将切好的水果摆放在已制好的蛋塔上即可。

◆ 拓展空间 ▶

1. 可用此法制作菠萝蛋塔、猕猴桃蛋塔等。

2. 可同时用多种水果制作水果塔。

◆ 温馨提示 ▶

1. 不管是罐装水果还是新鲜水果，肉质一定要紧实才利于切割成型。

2. 为防止水果变干，可先将新鲜水果划切成数等份，食用前再将水果切开。

3. 分层切整个水果时，应注意控制锯齿刀的推拉力度。

4. 选用罐装水果时，应尽量选用生产日期较近的。水果越新鲜越好。

5. 切罐装水果时，应小心轻力，也可不改刀。

58

装饰 新鲜水果装饰——草莓蛋糕

◖ 准备原料 ▶

　　成品蛋糕 1 磅约 454 克、草莓 500 克、盐 5 克、凉开水 500 克

◖ 技能训练 ▶

　　1. 选用新鲜且色泽鲜艳的草莓，洗净，沥干水分。

　　2. 将洗好的草莓置于淡盐水中浸泡 10 分钟。

　　3. 用直刀将草莓一分为二或切薄片。

　　4. 将切好的草莓摆放在已制好的蛋糕上即可。

◖ 拓展空间 ▶

　　1. 一般情况下，可同时用多种水果制作蛋糕。

　　2. 可根据水果特性，合理组装水果，运用不同手法雕切出各种动物和花草图案。

1. 为防止水果变干，可先将新鲜水果划切成数等份，食用前再将水果切开。

2. 分层切整个水果时，应注意控制锯齿刀的推拉力度。

3. 选用的水果越新鲜越好。

4. 果酸含量高的新鲜水果，一切开就应马上放入盐水中浸泡，以免水果变色。

5. 切水果时一定要一刀下去，一气呵成。中途停顿次数越多，完成时就越不平顺。

6. 合理组装水果的练习不是几节课就可以完成的事儿，老师应在以后的学习中反复强调，让学生多动手操作实践。

◀ 思政教学资源 ▶

—— 让工匠精神照亮职业生涯 ——

2020 年 12 月 10 日，习近平总书记致信祝贺首届全国职业技能大赛举办，强调职业教育要"大力弘扬劳模精神、劳动精神、工匠精神""培养更多高技能人才和大国工匠"。在长期实践中，我们培育形成了"执着专注、精益求精、一丝不苟、追求卓越的工匠精神"。迈向新征程，扬帆再出发，社会急需一大批具有工匠精神的劳动者，亟待让工匠精神在全社会更加深入人心。请组织学生（员工）参加由劳模或饭店业务骨干主讲的座谈会及报告会等，与"劳模精神""工匠精神"面对面。

模块 26
姜饼及装饰面包

知识要点

1.姜饼：姜饼是饼干的一种，其和饼干的区别在于姜饼中加入了姜泥。它是圣诞节中不可缺少的食品。

2.装饰面包：装饰面包多用于展示宣传。它与一般的面包不同，在制作时，面团内只有少数酵母或没有酵母，不需要经过发酵就可直接成型烘烤。其质地坚实，水分含量少，存放时间长且不易变质。

3.常用工具：制作姜饼和装饰面包时，常用到秤、刮刀、烤炉、蛋刷、模子、小刀、剪刀、不锈钢盘等工具。

4.常用原料：主要有 14 种。

食盐　　鸡蛋　　低筋面粉

面包粉　　酵母　　肉桂粉

小苏打　　牛油　　姜泥

片状起酥油　　丁香　　糖蜜

糖粉　　蛋黄

<u>59</u>

装饰 姜饼

◀ 准备原料 ▶

片状起酥油 190 克、糖粉 190 克、鸡蛋 2 个、低筋面粉 500 克、小苏打 7 克、姜泥 10 克、丁香碎 1 克、糖蜜 300 克、肉桂粉 2 克、盐 2 克

◀ 技能训练 ▶

1. 搅拌原料：将起酥油放入搅拌机中，用中速搅拌 10 分钟至光滑均匀。待起酥油乳化至发白后，加入糖粉用中速搅拌 2 分钟，再加入糖蜜用中速搅拌 3 分钟。打蛋成液，分 2~3 次加入鸡蛋液，中速搅拌均匀，然后加入面粉和小苏打搅拌均匀。

2. 搅拌调味：加入盐、姜泥、肉桂粉和丁香碎搅拌均匀，取出静置 10 分钟。

3. 印模成型：将面团擀开成 1 厘米厚的皮，用圆形、星形、圣诞树形、环形或椭圆形等模子印出不同的饼形，放在垫有高温布或涂过油并撒上面粉的烤盘上。

4. 烘烤成熟：预热烤炉，温度控制在面火 180℃、底火 160℃，将烤盘放入烤箱中烘烤 20 分钟，至生坯呈浅金黄色。

5. 冷却定型：从烤箱中拿出饼干，放在不锈钢台上冷却定型。

◆ 拓展空间 ◆

制作圣诞屋

1. 将姜饼面皮制成长 8~10 厘米、宽 5 厘米、厚 1 厘米的饼干，用于制作圣诞屋的墙壁和屋顶。再根据屋子的大小，用 2 厘米厚的面皮裁割出门、拉手及 2~3 个窗户和长度不等的栅栏。

2. 用木板钉一个小木房，将长方形姜饼用糖胶或乳白胶按从下至上的顺序交错地粘在小木房的外墙壁、屋顶和烟囱上，将门、窗和栅栏也粘在固定的地方。

3. 在屋顶、窗缘、门前四周用棉花装饰成雪花铺在上面，门前装一棵圣诞树，房子的四周放上一些包装好的礼品，最后用彩灯点缀。

◆ 温馨提示 ◆

1. 姜饼印模成型后，应将小饼和大饼分开装入烤盘，分别用不同的温度烘烤：大饼用面火 180℃、底火 150℃烘烤，小饼用面火 190℃、底火 170℃烘烤。

2. 除用模子成型外，还可用手捏制些人或动物等形状的小饼。

3. 可用巧克力、果酱、枫糖、果仁、糖珠或水果软糖等原料组成笑脸、爱心、圣诞花、花环等进行装饰。

4. 调制原料时，糖粉和糖蜜应分开加入，否则难以搅拌均匀且容易结块或沉底。

5. 注意控制好搅拌面糊的时间，搅拌过度，面团会起筋，成品将偏硬不酥脆。

60

装饰 装饰面包

◆ 准备原料 ▶

面包粉 500 克、低筋面粉 165 克、盐 12 克、牛油 60 克、酵母 2 克、水 330 克

◆ 技能训练 ▶

1. 装饰面包面团的调制方法同其他面包面团的调制方法一样。

2. 将面团静置 20 分钟，然后用压面机压平整，用刀裁出宽 1~1.5 厘米、长 50~60 厘米的面条，将 25~30 根面条横着放在一个直径 40 厘米的不锈钢盘子上，再竖着交错编入 25~30 根面条，编成一个直径 35~40 厘米的平面篮子。最后将多余的面条用剪刀剪去。

3. 将余下的面团用压面机压平整，用擀面杖擀成 0.2 厘米厚。用直径 5 厘米的圆吸压出圆形，供制作玫瑰花时用。

4. 将圆形面皮的前缘压薄，先做一个花芯，再拿一片包裹花芯。第三片从第二片的 1/3 处开始包，第四片从第三片的 1/3 处开始包。用同样的方法包裹 7~8 片，然后用剪刀剪去多余部分。整理花瓣，每片可向外稍翻。用同样方法做出 12 朵玫瑰花，再用余下的面皮做些叶子，用于装饰。

5. 在编好的篮子上刷上一层蛋黄液，将玫瑰花和叶子装于篮子中间，并在花和叶子上也刷上蛋黄液。

6. 预热烤炉，面火控制在 210℃、底火控制在 190℃。放入生坯，烘烤 1~1.5 小时至成品金黄。

◀ 拓展空间 ▶

制作麦穗

将面搓成中间细、两头椭圆的长条，从中间切段，用剪刀在椭圆处剪出麦穗形，然后用一根面条将 6~8 根麦穗扎在一起，刷上蛋黄液，烤好即可。

制作乌龟

取 50 克面团揉成椭圆形，压扁，作为乌龟的底盘。将 50 克面搓成圆条做乌龟的身体、四肢及头尾。注意每个脚要做出 5 个爪子，用牙签压出、画出或刻出乌龟的头、眼睛、鼻子和嘴巴，分别安在相应的地方。再用 60 克面揉成椭圆形，压扁，在上面用牙签压出龟背纹和裙边，呈弧形向下盖在乌龟的身体上，刷蛋黄液烘烤即可。

◀ 温馨提示 ▶

1. 搅拌面团时，搅拌至光滑即可，搅拌太久则筋力过大，不宜成型。

2. 制作花瓣时，面皮不能太厚。

3. 卷花瓣时，不要卷得太紧。如果面团干硬，粘不上，可在面团上洒少许水或刷一层蛋黄液，再进行组装。

4. 调制面团时，应注意控制水量。水量过少，则面团过硬，组装易松散；水量过多，则面团过软，不易成型，组装中易塌斜。

5. 最好在蛋黄液中加少许蛋清和色拉油以增加光亮度，但不要刷得太厚，以免盖住成品的纹路。

6. 鼓励学生多找图案，运用捏、搓、辫、剪、刻、拼装等手法进行创作。

后 记

  《西式面点制作》第 1 版教材由桂林市旅游职业中等专业学校蒋湘林、程开治、秦辉在 2008 年首版《西式面点制作教与学》的基础上修改编写。该版教材保留了《西式面点制作教与学》中的经典面点，同时更新了烹饪行业流行的面点及其做法，共增加了圆面包制作、编织面包制作等 13 个品种，修订了丹麦包制作、燕麦面包制作等 2 个品种。该版教材由蒋湘林老师负责增加及修订内容的执笔和统稿工作；西点制作常用设备、西点制作常用工具图片及 25 个模块中的西式面点制作常用原料图及图注由赵桂珍收集整理；其他增补图片由程开治、秦辉老师协助拍摄；"西餐与葡萄酒的搭配"二维码教学资源由教材编写组整理并制作。

  《西式面点制作》第 2 版教材由蒋湘林主持修订；增补图片及视频由蒋湘林、陶勇协助拍摄。此次修订，主要根据岗位实操需要，选择典型工作任务拍摄了 8 个教学视频，内容涉及面包、蛋糕、饼干、泡芙及布丁的制作等。

  《西式面点制作》第 3 版教材由蒋湘林主持修订；旅游教育出版社景晓莉负责编写第 2 版出版说明，并对彩色插图进行了增补、修图和整理工作；思政教学资源由贵州水利水电职业技术学院栾鹤龙提供。

  本书主编蒋湘林老师是桂林市旅游职业中等专业学校高级讲师、面点高级技师、国家职业技能鉴定考评员；副主编程开治老师是面点高级技师、国家职业技能鉴定考评员；副主编秦辉老师是高级讲师、面点高级技师、国家职业技能鉴定考评员；副主编陶勇老师是西式面点技师。

  教材的编写是一个不断完善的过程，恭请各位专家对本教材批评指正。

作者

2023 年 6 月